平凡社新書
785

# イルカ漁は残酷か

伴野準一
TOMONO JUNICHI

HEIBONSHA

# まえがき

紀伊半島の東側に位置する小さな半島の町、和歌山県東牟婁(ひがしむろ)郡太地(たいじ)町が、ここ数年、国際的な批判にさらされている。この町では、毎年一〇〇〇頭ほどのイルカが捕えられ殺されているからだ。例えば二〇一三年、和歌山県ではバンドウイルカなど四種のイルカ九九二頭、イルカより大型になるゴンドウ三種四三五頭、計一四二七頭が捕獲され[1]、水族館に売られた一七二頭をのぞく全頭が食肉として屠殺(とさつ)されたが、その約九割が和歌山県太地町における捕鯨業の結果である。

しかし小型鯨類を捕り殺しているのは和歌山県だけではない。ミンククジラなどの大型鯨類を対象とした捕鯨活動はＩＷＣ（国際捕鯨委員会）によって厳しく規制され、一九八八年以来商業捕鯨が行えない状態が続いているが、イルカやゴンドウなどの小型鯨類はＩＷＣの管理対象となっていないために、これら鯨類を対象とする沿岸捕鯨は、北海道から沖縄まで（近年捕獲実績がない青森、静岡の二県を含め）八道県で今も連綿と行われている。

和歌山県が最も多くイルカやゴンドウを捕っているわけでもない。小型鯨類の捕獲頭数を県別にみると一位は常に岩手県で、二〇一一年には東日本大震災で三陸地方の漁港は壊滅的な打撃を受けたが、それでも二〇一三年には捕獲頭数一二七五頭にまで回復している。一九九六年から二〇一三年までの一八年間の合計では岩手県一八万五三四一頭に対し、和歌山県は二万九二〇二頭。和歌山は捕獲頭数では大きく水をあけられた万年二位の県である。

だが和歌山県太地町の沿岸捕鯨には大きな特徴がある。この町の捕鯨のほとんどが、他には静岡県の一部漁港でしか行われていない「追い込み漁」と呼ばれる特殊な漁法によるものなのだ。

太地町の追い込み漁は、十数隻の小型漁船が、沖合い最大一五マイルまで扇形に散開してゴンドウやイルカを探索し、群を発見すると漁船は音で脅(おど)しながら小さな入江まで追い詰め、そこで群ごと屠殺する漁法である。漁船同士の緊密なチームワークが必要とされる高度な漁法であり、同時に非常に効率のよい漁法でもある追い込み漁だが、この漁法には他にも特徴がある。

現在日本で行われている沿岸捕鯨には、他に捕鯨砲を装備した小型捕鯨船による「小型捕鯨」、船に併走して近寄ってくるイルカを手銛で突き捕る「突き棒(つきんぼ)漁」があり、最大捕鯨県である岩手で行われているのはその全てが突き棒漁である。突き棒漁にしても小型捕鯨にしても、現場は沖合いなので陸上から漁の様子を見ることはできない。しかし追い込み漁の場合、追い込まれた群は陸に近い浅瀬で殺されるので、ゴンドウやイルカが追い込まれ屠殺される様が陸からすべて見えるのだ。

太地町の追い込み漁にはさらにもう一つの特徴がある。日本沿岸で捕られる小型鯨類は、体長一二、三メートルに達するツチクジラ、四―七メートルほどのゴンドウ類、体長二―三メートルになるイシイルカ／リクゼンイルカ、そして体長三メートル前後のバンドウイルカなどのイルカ類、以上の四種類に大別される。

これら四グループのうち、頭数でみるとツチクジラは一％にも満たず、ゴンドウ類も五％未満。捕獲頭数が圧倒的に多いのは主に岩手県で捕られているイシイルカとリクゼンイルカで、一九九六年からの一八年間に捕られた小型鯨類の八割以上を占める。イシイルカとリクゼンイルカは、イルカとはいってもずんぐりとした体型で鼻先が丸いネズミイルカの仲間で、英語名では「ドルフィン」ではなく「パーポス」と呼ばれる。

多くの人がイルカと聞いて思い浮かべる、鼻先が伸びてかわいい笑顔を浮かべている（ように見える）愛らしいバンドウイルカなどのイルカが日本の沿岸捕鯨で捕獲される割合は一〇％に満たないが、しかしそのほとんどすべてが和歌山県で、しかもその大部分が、屠殺の現場が陸から見える太地町の追い込み漁で殺されている。

屠殺方法は二〇〇八年一二月から改善され、また屠殺そのものも見えないように工夫されてきてはいるが、追い込み漁の模様を収めた過去の記録映像は今もインターネット上に数多く流通しており、それら映像にみる屠殺方法は、狭い入江に閉じ込められてひしめき合っているイルカやゴンドウを、漁師たちがボートの上から手銛(てもり)でところ構わずブスブス突き刺して殺すものので、目が慣れている漁師や太地町民ならいざ知らず、あたりの海面が深紅に染まるこの光景を外部の人間が目にすれば、凄惨きわまりない修羅場に映る。

二〇一四年一月、キャロライン・ケネディ駐日米国大使は短文投稿サイト「ツイッター」に「米国政府はイルカの追い込み漁に反対します。イルカが殺される追い込み漁の非人道性について深く懸念しています」との投稿を行って議論を呼んだ。和歌山県知事仁坂吉伸(にさかよしのぶ)は直後の定例記者会見においてやんわりと反論。安倍晋三首相も、追い込み漁が「非人道」的であるとのケネディ大使の指摘について、CNNの単独インタビューに応じて次のように述べている。

ええ、日本の太地町におけるですね、このイルカ漁は古来から続いている漁であって、彼らの文化であり習慣であり、また生活のために捕っているんだということを理解していただきたいと思っています。ま、それぞれの国にはですね、またそれぞれの地域には、それぞれ祖先から伝わるさまざまな生き方、そして慣習があり、文化もあります。私は、当然そうしたものは、尊重されなければならないと思いますが、同時にですね、さまざまな批判があることも承知しています。漁のし方についても相当な工夫がなされているという風に聞いています。この漁についてもですね、あるいは漁獲方法についても、厳格に管理されています。

和歌山県太地町の追い込み漁とは一体何なのか。追い込み漁でイルカやゴンドウを殺すのは心ない残虐行為なのか、それともそれは牛豚の屠殺と何ら変わるところはなく、反対運動は「かわいい」イルカが殺されることに対する感情論に過ぎないのか。そして何より、この漁は古来から続く守るべき伝統漁法なのだろうか。聞くところによると、一九六九年四月、太地町立くじらの博物館が開館した際に展示用のイルカとゴンドウが必要となって、生体捕獲がしやすい追い込み漁が始められたという話もある。太地町について、追い込み漁について、そしてイルカと人間の関わり合いについて、私は取材を始めた。

私が見出した事実は、実に驚くべきものだった。

日本で、そして和歌山県太地町で行われているイルカ漁を考えるうえで、議論のための新しい土台が築けたのではないかと、私はいま感じている。

・本文中では、敬称はすべて省略させていただきました。
・引用している海外文献、外国人発言などは、特に明記されていない限り著者が本書のために訳出したものです。
・いわゆるバンドウイルカの標準和名は「ハンドウイルカ」ですが、本書では広く普及している呼称「バンドウイルカ」を使っています。

# イルカ漁は残酷か●目次

# 第一章　最後のイルカ漁

「ブリを殺すのも同じじゃん。何も悪いなんて思ってないよ。だって食べるものだから」

——いとう漁協代表理事専務　日吉直人

二〇〇四年一一月一一日。[1]

どんよりとした曇り空が広がっていたが、波のない穏やかな朝だった。午前六時三〇分ごろ、その日の水揚げを市場に入れて競りの行方を見守っていた定置網漁師で、当時いとう漁協理事を務めていた日吉直人（一九五七―）の携帯が鳴った。時ならぬ電話は同漁協宇佐美支所に所属する巻き網漁の探索船、清栄丸からで、富戸の漁港から八キロほど南下した北川沖約一・五キロ付近で、イルカの大群に遭遇したという連絡だった。今のところ群は大きく移動する気配がなく、イルカたちはそこで「遊んでいる」という。

今度こそ追い込めるかもしれない。日吉は伊東の市場から富戸漁港へとクルマを走らせる傍ら、富栄丸の船長杉山に、急ぎ出港準備をするよう携帯で依頼。午前七時前に日吉を乗せて富戸漁港を出港した富栄丸は七時三〇分頃、イルカの巨大な群を確認する。二〇〇〇頭は下らない凄まじい大群だった。漁協の方針で今年は捕獲鯨種をバンドウイルカのみに絞ることになっていたが、イルカ漁の経験が少ない日吉にはイルカの種類が判別できなかった。高齢の杉山も「いやあ俺にはいえねえよ、外れると恥ずかしいからよ」とはっきりしない。日吉は中堅漁師の乗る竹丸に連絡をとる。

竹丸「どうですか、黒いですか」

日吉「いや黒え黒え。遊んでるよ、船の周りで」

竹丸「ああ、それは必ずバンドウですね。すぐに向かいます」

数十分後に現場に到着した竹丸は、即座にバンドウイルカと確認。日吉はその旨いとう漁協富戸支所に連絡する。

午前八時、富戸支所はイルカ追い込み漁の実施を決定。途端に支所は蜂の巣をつついたような慌ただしさとなった。漁協事業であるダイビングおよび遊覧船操業は全中止。全組合員に追い込み漁への参加を至急要請するとともに、警察、海上保安庁、遠水研（遠洋水産研究所）、生体イルカの予約注文を入れている水族館など六施設に相次いで追い込み漁の実施を連絡する。

停泊していた漁船は次々に出港し、追い込み漁は富栄丸、竹丸を含め合計一四隻の漁船で実施することになった。船数としては十分だが不安要素もあった。追い込み漁では一隻に二人乗船が鉄則だが、一四隻中六隻で上乗り（同乗者）が確保できなかったのである。

なんとしても捕りたかった。公式な記録としては一九九九年一〇月一三日以来、丸五年ぶりの追い込み漁だったが、富戸支所ではこの五年の間に二回の追い込みを行っていて、いずれも失敗に終わっていたからである。

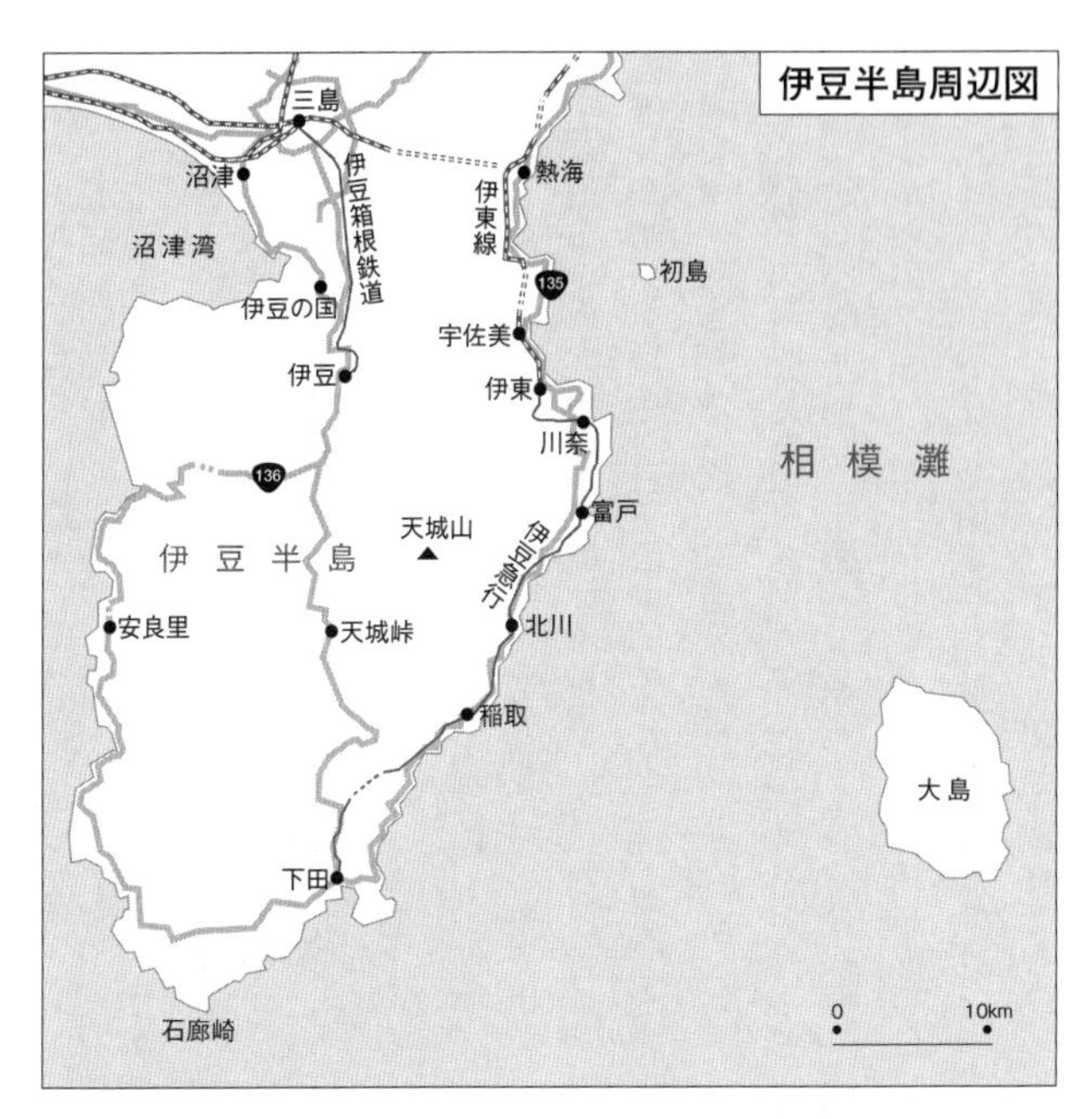


午前九時、群を監視していた富栄丸、竹丸と駆けつけた漁船計一四隻が現場で合流。各船は微速で静かに体制を整え、船団は北に口が開いた馬蹄(ばてい)形となってイルカの群を包囲した。

無線で全船に追い込みの開始が伝えられると、鋭く凄まじい金属音があたりに鳴り響いた。漁船の上乗りが船縁から海中に吊るされている直径五センチほどの鉄パイプ状の物体をハンマーで一斉に打ち叩き始めたのだ。リラックスしていたイルカは突然の大音響に恐慌状態になって水面を飛び出し、野球場の何倍もある巨大な水域全体がイルカの立てる水しぶきで真っ白になった。イルカたちは恐ろしい音を立てる何かとは逆の北に向かい死に物狂いで泳ぎ始める。漁船の上乗りたちがすかさずパイプを引き上げると、船長はディーゼルエンジンの強大なパワーを解き放ち、全速力でイルカの群を追撃。エンジンの轟音(ごうおん)が響き排気管から真っ黒な煙が流れる。漁船が立てる水しぶきが時折漁師たちの顔に当たるが、彼らの視点は逃げるイルカの群から離れることはない。このようにしてこの日、イルカの追い込み漁が始まり、現場の指揮は竹丸に委ねられた。

海は音の世界であり、イルカは音の動物である。水中で音は空気中よりも遥かに速く、遠くまで伝わる。イルカの視力は〇・一程度とそう悪いわけではないが、時に数百メートルまで潜行する彼らが最も頼りにしているのは光ではなく音である。イルカは超音波まで聞こえる非常に優れた聴覚を備え、自ら能動的に音波を発して、その反射音から周囲の物体までの距離やその材質までをも知ることができる。

音に敏感なイルカの性質を逆手にとって、イルカを音で脅して群を港や入江に追い込み一網打尽にするのが「追い込み漁」である。イルカの威嚇には、古くは船縁を叩く、投石するなどの方法がとられていたが、今日のイルカ追い込み漁では「ハツオンキ」が使われる。

これは戦後になって発明された器具で、稲取(いなとり)でゴンドウ漁の際に節をくりぬいた六尺竹を水中に三分の一ほど差し入れ、これを叩いて威嚇音を立てていたのが恐らくその原型である。[2] こ

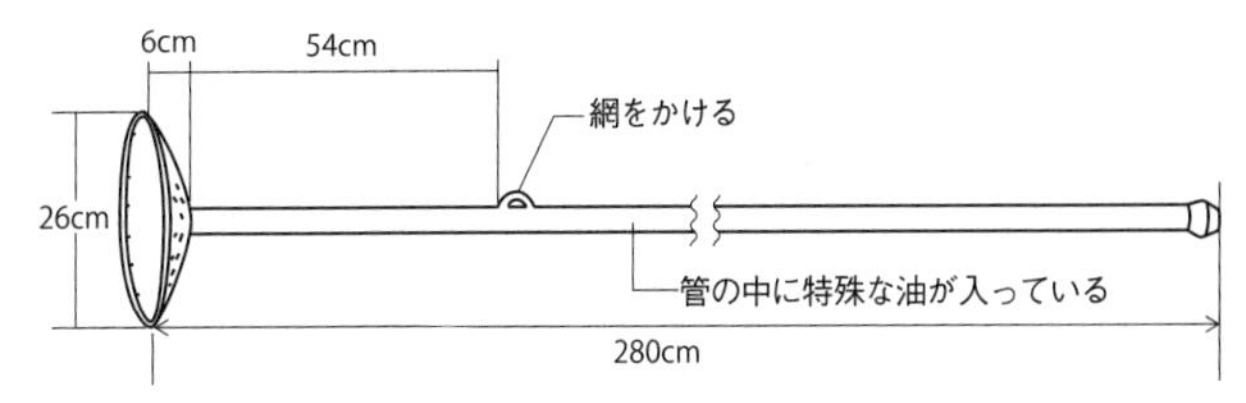


ハツオンキ（『富戸の民俗——伊東市』より作成）

の方法が戦中から戦後の一時期にかけてイルカ漁が非常に盛んだった西伊豆の安良里（あらり）に伝わり、一九四八（昭和二三）年頃、学者のアドバイスに基づいて先端が三〇センチほどのベル状に広がった長さ二〜三メートルの鉄製のパイプ状器具が五〇本ほど作られて「ホチョウキ」と命名された。[3] 安良里で作られたホチョウキのパイプは中空構造にはなっていなかったが、昭和三〇年代から四〇年代にかけて、東伊豆の川奈（かわな）および富戸にもその存在が知られ、[4] 沼津市のとある鉄工所が改良を重ねて[5] パイプは中空構造となり、内部には特殊なオイルが封入されてイルカに対する威嚇効果が格段に高まって、いつの頃からか「ハツオンキ」と呼ばれるようになった。

　川奈および富戸では俗に「カンカン」または「チャンチャン」と呼ばれるこのハツオンキをハンマーで一撃すると、三〇〇メートル先のイルカが恐慌をきたして飛び上がるほどの効果があった。イルカの追い込みにハツオンキは絶対的な効果があり、追い込み漁の効率は一気に高まったが、イルカにとっては悪魔の発明だった。

　沖合いにおけるイルカの追い込みは、漁ではなく狩りである。イルカの群は音の恐怖から逃れようと漁船とは反対方向に全力で進む。右へ左にと進路を変える群の先頭(ハナ)が扇形に展開された船団の外側に逃れれば追い込みは失敗だから、漁船は全速で群の先頭を押さえにかかる。「おめえ、北東(ナライ)を押さえろ」「そこが空いているから(船を)入れたほうがいい」など無線が飛び交うこと数十分、沖合い数キロの海のただ中で異様な獣臭が立ち込める。それは全力で泳ぎ続け、疲れが蓄積した二〇〇〇頭以上ものイルカが吐き出す荒れた息の臭いなのだ。

追い込みを始めて一時間が経過した午前一〇時頃、船団が包囲しているイルカは群の本体から引き千切られた四〇〇頭前後に落ちていた。二〇〇〇頭以上の巨群をそのまま漁港まで追い込むことは物理的にも不可能だから、これは半ば計画通りだったが、ここからが問題だった。船団はイルカを全速力で追跡し、船形が整えば一時停船してハツオンキを水中に投入してハンマーで叩き、すかさずハツオンキを引き上げて群を全速で追わなければならないが、漁船一四隻のうちの約半数は船長一人の操船だったために、一連の動作をスムーズに行うことは不可能だったのである。

一四隻の漁船のうちタイミングよく威嚇音が出せるのは八隻だけだった。若く体力のある大きなオスのイルカは馬蹄形の両端から続々と逃げていく。漁船が間隔を広げて大きく船団を展開すると、今度は漁船の間をすり抜けていくイルカが続出した。ついに船団は群を一時見失う。

「あー見えないね今」指揮を委ねられた竹丸が無線で嘆くようにつぶやいた。

富戸のイルカ追い込み漁は三回続けて失敗に終わるかに思われたが、しかしこの日の漁師たちには運が味方した。海がベタ凪(なぎ)だったのである。目を凝らして海原を見つめていると、北東方向遥か彼方の水面下に黒い影が見えた。少しでも波が立っていればこの影を発見することはできなかっただろう。影を凝視していると、呼吸のために水面に現れるイルカがはっきり確認できた。

「北東(ナライ)の群(ナブラ)は南にちょろっと泳ぎ始めました」

長く追われて疲労困憊(こんぱい)したイルカたちは体を休めていた。漁港の入り口まで一マイルもない。偶然ではあったが、ほんの二時間ほどで追い込みは成功寸前まできたのだった。興奮を押し殺すかのように一四隻の漁船は微速で移動し、陸に向かって群を取り囲む。しびれを切らした一隻が無線で叫ぶ。「さあ、行った行った」

たしなめるように応答したのは、長老格の美紀丸だった。

「網を全部出してからぱあっとやらなきゃしょうがねえからさぁ、もうちょい待ってやってくれよ」

イルカを漁港に追い込んだら、イルカが反転して逃げることがないように、すかさず網を展開して港口を封鎖しなければならない。網は港から一〇〇メートルほどの距離に展開される

「大ガッキリ」、港から四〇―五〇メートルで展開する「内ガッキリ」、さらに港の堤防間に張り渡す「口網」と三重に張られるが、陸での網の準備が追いついていなかったのである。

船団は群を静かに囲んでいたが、緊張もまた高まっていった。前回の追い込みでは、最初の「大ガッキリ」を展開しようとする正にそのとき、イルカたちに陸側の間隙を突かれて逃げられていたのだ。

最も陸側についたのは全体指揮を受け持った竹丸である。彼もまた前回の失敗を繰り返すまいと必死だった。

「三好さんもっと前に出て……船の前を揃えてくれよ」

「はい了解。チャンチャン（ハツオンキ）いれるだな」

「あい、やってね」

「はい了解」

「頭揃えて、頭揃えて、ひろし丸」

網の準備完了との連絡を受けて、扇形に展開した漁船団がハツオンキの金属音を響かせながら微速で前進すると、イルカの群は大ガッキリのラインを無事通過。すかさず作業船が網を積んだ無動力のくら船を横向きに曳航し、くら船から網が海中に投入されていく。数分のうちに大ガッキリは無事に張り終わった。

数百頭はあろうかというイルカの群はさらに追い込まれて内ガッキリが張られ、支所から「口網準備完了。追い込みお願いします」との連絡が入る。漁船はハツオンキを叩きながらさらに扇形の船団を縮める。イルカの群はなすすべなく漁港へと進み、口網が張られていく。ここまでくればもう心配ない。漁師たちは充実感のなかで緊張を解いた。いとう漁協富戸支所で、そして伊豆半島において、一九九九年一〇月以来、五年ぶりに成功した追い込み漁であった。

一隻、また一隻と、漁船は最後に張られた口網を静かにまたいで帰港。全漁船が所定の位置に停船したとき、漁船が停泊する広い体育館ほどの港内には追い込まれたバンドウイルカ数百頭がひしめき合う異様な光景が広がっていた。パニックを起こして漁船にぶつかるイルカもいる。そこここに母子イルカのペアが見受けられるが、体力がなく泳速の遅い子イルカと、我が子に寄り添う母イルカの親子はどうしても追い込まれる比率が高くなるのだった。

港内に追い込まれたイルカはそのままの状態で一晩留め置かれ、翌一二日、イルカ捕獲のために水族館などからやってきたダイバー三〇人を含む全作業員は、朝八時から作業を開始。[6] まずイルカを取り上げるための五〇メートル四方ほどの取り網（魚取網（イオドリ））が漁港内に「敷かれ」る。三隻の漁船が水中に沈んでいる取り網に港内のイルカを追い込むと、取り網は水深一メートル五〇センチほどになるまで引き上げられて、水族館のダイバーが取り網の中に入って捕獲するイルカを選ぶ。体に傷のない体長二メートル四〇センチほどの若いメスなら理想的だ。
選別されたイルカは、胸びれが痛まないようその箇所に穴の開けられた専用の担架に乗せられて地上のクレーンで吊り上げられ、トラックの荷台に設置されたイルカ専用の輸送箱に入れられて各水族館に陸送される。取り網の中はイルカとダイバーでごった返した状態で、ひしめき合い死に物狂いで暴れこすれるイルカからの出血であたりの海水はバラ色に染まった。この日取り網への追い込みは二回行われて、六施設が購入した生体イルカは計一四頭、一頭あたりの販売価格は四〇万円前後だった。

昼までにイルカ捕獲作業は終了し、水族館関連の作業が一段落した午後三時、県水産課職員二名、遠水研職員二名、水産庁職員一名の立ち会いのもと、南船揚場の傾斜した水際に設置された仮設テント内で食肉用イルカ五頭の屠殺・解体が始まる。テント内にはイルカの血が外に流れ出さないようにオイルの吸着マット三〇〇枚が敷き詰められた。屠殺されるイルカは頭頂部の噴気孔にフックがかけられ巻揚機で海中からテントへと引き上げられて、まだ尾びれが海中にある状態のときに特殊なナイフで噴気孔の後ろを突き刺されて延髄（えんずい）が切断される。延髄切断のために使われる先がダイヤ形に広がったドライバー状のナイフは、デンマーク領フェロー諸島で行われる追い込み漁の際にゴンドウ（イルカより大型になるハクジラの一種）の屠殺に使われる専用器具で、富戸で使用されるのはこれが初めてのことだった。延髄を切られたイルカは即死するが、臭みのない新鮮な食肉を確保するためには、その直後、できれば心臓が止まらないうちに頸動脈を切断して「血抜き（放血）」を行う必要がある。

イルカは一頭また一頭とテントの中に引きずられていき、屠殺・放血処理され正肉、ワタ（内臓）、ガラ（骨）に切り分けられて、正肉は支所荷捌き所内の冷蔵庫に保管された。午後五時、全作業は終了して解散となった。

## イルカ追い込み漁のメッカ伊豆半島

静岡県の伊豆半島は小型鯨類、なかでもイルカ追い込み漁のメッカである。東伊豆の井戸川遺跡では縄文時代の遺跡からイルカの骨が見つかっているが、[7]記録に残る最古の資料は一五六三（永禄六）年の『植松文書』で、内浦湾（現沼津湾）へのイルカの追い込みを命じた記述がある。[8]井戸川遺跡でも一五世紀末から一六世紀にかけてと見られるイルカの骨が大量に発見されているから、東伊豆でも戦国時代にはイルカ漁が行われていたことは確実だが、幕末に成立した『伊東誌』によると、当時イルカの追い込み漁を実施していたのは湯川村、松原村（現伊東市）、稲取村の三ヶ所で、[9]一八九四（明治二七）年の『静岡県水産誌』には、東伊豆では稲取に加えて川奈も挙げられているが、富戸の名前はない。

伊東市富戸でイルカの追い込み漁が始まったのは一八九八（明治三一）年のことだが、[10]隣村の川奈はその一〇年前の一八八八（明治二一）年にイルカ漁を始めており、[11] イルカが村の全漁獲量の三分の一を占めるまでになっていたので、[12] 富戸にイルカを捕られてはかなわない。川奈では「富戸に娘を嫁にやるくらいなら殺したほうがましだ」[13]、富戸では「川奈の漁師はイルカを見ると全部川奈のものだと思っている」[14] など恨み節が炸裂し、イルカを巡る両村の対立は凄まじいものがあった。

両村の取り決めでは、イルカの群を先に見つけた村が追い込みと捕獲の権利を得ることになっていた。イルカ漁に出る漁船は、目印の旗（マネ）を携える。川奈は白旗、富戸は赤旗である。イルカを発見した漁船は旗を二本立てる。それを見た僚船は自らも一本旗を立てて周囲の漁船に知らせ、二本旗の漁船を中心に扇形の船団を組む（これを「輪（りん）がい」という）。各村の高台には見張りが立ち、自村の漁船が二本旗を揚げるのを見つけるとホラ貝を吹いて集落に知らせた（川奈では出漁している他の漁船に知らせるために火がたかれた）。

それを見た他村の船団は引き下がることになってはいたが、公正中立な審判などいない海のただ中での出来事だから、両村の漁船のそれぞれが群の所有権を主張して争いになることも多かった。また当時イルカは「イルカ通り」と呼ばれた初島（はつしま）と伊豆大島を結ぶ線上、特に大島の岡田港の北一マイル付近で見つかることが多かったが、川奈は富戸より五キロほど北にあるから、どうしても川奈の漁船が先にイルカの群を見つけやすくなる。また富戸より早くイルカ漁を始めた川奈は、イルカは自分たちのものだという意識が強く、富戸側がイルカを見つけると、群の中に漁船を突入させて追い散らしてしまうこともあった。[15]

一九〇〇（明治三三）年冬のことである。富戸の漁船がイルカを追い込み中に、川奈の漁船が妨害したため、逆上した富戸の漁師たちは川奈の漁船を取り囲み、うち一隻を拿捕し富戸の港に曳航。黒山の見物人が歓声を上げるなか、川奈の漁師たちは冬の寒空のもと水をかけられ殴打され、海に落ちれば竿で突かれて沈められるという凄絶なリンチを受けたが、見物していた富戸の若い娘たちは手を叩いて喜んだという。[16]

その三年後の一九〇三（明治三六）年一一月三〇日、富戸の追い込みをまたも川奈の漁船が妨害したため、今度は海上で両村の船が衝突したが、結果は屈強の若者たちを乗り込ませた喧嘩船を用意し密かに戦闘計画を立てていた富戸の圧勝であった。富戸船に包囲された川奈の漁船は、櫓の締め綱を切られ船底の水栓を抜かれ錨で船底を打ち抜かれ、浸水状態にされてそのまま海上に放置された。偶然通りかかった汽船に無事救助され危ういところで命拾いした川奈の漁師たちは伊東署に直行。富戸の漁師七人が有罪判決を受けた。[17]

富戸では一九〇三年の乱闘騒ぎの後イルカ漁は中断され、再開されたのは一九三五（昭和一〇）年のことだが、[18] 空前絶後の食料難に見舞われた終戦後も川奈と富戸のイルカを巡るつばぜり合いは続き、昭和三〇年代に入ると、隣村に負けじとばかりに両集落でイルカ探索・追い込み専用の高速船が続々と建造された。一九五六（昭和三一）年、富戸で戦後最初に作られた探索船、第三富丸は速力一三ノット（一ノット＝時速約一・八キロ）だったが、一九六〇（昭和三五）年以降に作られた三隻の探索船はいずれも二〇〇馬力以上のエンジンを積んで二〇ノットを超える速力を誇ると、[19]川奈で昭和三〇年代末に建造された最後の探索船となる第二大網丸は、当時漁船としては国内でほとんど例のなかった最新のＦＲＰ（プラスチック）製で速力は四〇ノットに達し、[20]イルカの群を求めて遠く三宅島付近まで探索の足が伸びることも珍しくなかった。[21]

そのようにして競い合って装備の近代化が急激に進行した両村、そして静岡県におけるイルカの水揚げ総量は恐るべきものがある。富戸では一九五二（昭和二七）年に一二〇頭八三三三キロ、翌一九五三（昭和二八）年は三一頭二一九三キロ、その翌年は捕獲なし、一九五五（昭和三〇）年に一一七頭九三六〇キロと少量の水揚げにとどまっていたが、高速の探索船が進水する翌一九五六（昭和三一）年から水揚げが急激に伸び、一九五九（昭和三四）年には静岡県全体で一七一五トン、[22]二万頭近いスジイルカが水揚げされており、[23]一九六一（昭和三六）年には、富戸だけで八六〇〇頭六八九トンのイルカが追い込み漁によって捕獲されている。[24]

伊豆のイルカ追い込み漁の様子。1960年ごろ（石井泉撮影・写真提供）

漁港に並べられたイルカ。1960年ごろ（石井泉撮影・写真提供）

## 共同操業と資源枯渇(こかつ)の始まり

一九六七(昭和四二)年、川奈と富戸のイルカ漁に転機が訪れる。明治時代からいがみ合いを続けていた両集落が、この時を境にイルカ漁については共同事業として操業することに合意したのである。これは前年にイルカ肉の相場が暴落して一頭三〇〇〇円を下回ったためと、[25]川奈・富戸間の紛争が一向に収まる気配を見せないことを嫌った県がイルカ漁の操業許可を取り消す可能性が生じたためだった。協定の内容は次のとおりである。

一、経費の節減と漁獲を調整して、価格の適正を計(ママ)る。
二、見張船は、双方より二隻ずつ出し、合わせて四隻を使用する。
三、双方よりイルカ委員を三名ずつ出し、同量の水揚げが交互にできるようにする。[26]

この協定により七〇年以上にわたって繰り広げられてきた川奈・富戸間の紛争は終結したが、それは静岡県のイルカ漁が最終章を迎えたことをも意味していた。

一九五九(昭和三四)年に一七一五トンの水揚げを記録した静岡県のイルカ漁は、この年一九六七年を境に漁獲量が急激に落ち込んでいく。この年の県全体の漁獲量は四〇五トン、富戸漁協のイルカの水揚げは前年の七一五四頭から一二五〇頭にまで落ちている。その後富戸では一九七二（昭和四七）年から一九七五（昭和五〇）年までは六〇〇〇頭以上の水揚げがあったが、一九七六年以降はさらに漁獲量が落ち込み、三〇〇〇頭捕れるかどうかというところまで落ちていった。イルカは捕られ過ぎていたのだった。

稲取は一九六〇（昭和三五）年にはイルカ漁の操業をやめており、戦中から戦後にかけてイルカ漁を盛んに行っていた安良里も一九六一年を最後に本格的なイルカ漁の操業を終えている（完全撤退は一九七三年）。かつてあれほど盛んに行われていた伊豆地方のイルカ漁は、川奈と富戸が共同操業を始める一九六七（昭和四二）年には、この二集落だけの操業となっていた。

伊豆地方で主に捕獲されていたスジイルカの資源量が減少してきており、このままではこの地方のイルカ漁業が壊滅することにいち早く気付いた一人に、当時東京大学海洋研究所に勤務していた粕谷（かすや）俊雄（一九三七―）がいる。危機感を抱いた彼は一九七〇年代の半ばごろ、水産庁の捕鯨班長を訪ねて、伊豆地方のイルカ資源の温存を訴えた。彼はこのときの模様を次のように書いている。

私はスジイルカ漁業がどれほど伊豆の漁業者にとって重要であるかを説明し、その資源が減少傾向にあるので、操業を規制して資源の温存を図る必要があることを説明したつもりである。私の話を聞いてくれた捕鯨班長は「もしもスジイルカの資源がだめになれば、伊豆の漁師はなにか別のものを捕るでしょう。だからスジイルカ資源の動向を心配することはありませんよ」といった。少なくともイルカ漁業に関しては、資源を管理するという発想が当時の行政にはなかったらしい。[27]

川奈と富戸だけになった伊豆地方のイルカ漁は漁獲量が減少するなかでも捕獲頭数が規制されることなく続けられ、富戸での水揚げ頭数が一〇〇〇頭を切った一九八四（昭和五九）年、採算性悪化のため川奈がイルカ漁を中止して共同操業から離脱。伊豆でイルカの追い込み漁を行う漁港は富戸のみとなったが、一九九〇年以降はいよいよイルカが発見できなくなって、年に一度追い込みが行えるかどうかという状態となった。一九九三年、遅まきながら県別鯨種別に捕獲上限頭数（捕獲枠）が定められたが、以降二〇〇四年までの間に富戸で追い込み漁が行われたのは一九九三年、一九九四年、一九九六年、一九九九年の四回のみで、捕獲頭数はそれぞれ九五、三五、四八、七一だった。[28]

二〇〇四年に静岡県に与えられていたバンドウイルカの捕獲枠は七五頭だったが、この年の一一月一一日に数百頭ものバンドウイルカを港内に追い込むことに成功した富戸の漁師たちが水産資源として利用したのは、水族館用に販売された生体イルカ一四頭、発信器を装着してのリリースが一頭、斃死（へいし）四頭、そして食肉にするための屠殺五頭、計二四頭のみで、残るイルカはすべてリリースされている。日吉はいう。

「ここは首都圏に近いですからね。近くには年間三〇〇万人も観光客が来る城ヶ崎海岸もあるし、ダイビングや遊覧船もやっている。そんな関係で国と県から血を見せるなと指導されているんです。何十頭も屠殺して血を見せないということは不可能なんですよ。それで今、うちは水族館用のイルカしか捕っていないんです」

二〇一四年現在、いとう漁協富戸支所の支所長を務める岡伸二（一九六一―）もいう。

「肉にすると、港が真っ赤になっちゃうんですよ。五頭程度なら何とか工夫して血を流さないようにできて、県からもお褒めの言葉をいただきましたけどね」

イルカ数十頭を屠殺しても、殺すだけならそれほどの出血はない。「港が真っ赤になる」のは体内の血液を抜く放血処理を行うからで、牛でも豚でも屠殺時には必ず頸動脈を切断して放血処理が行われる。川奈・富戸では伝統的に胸びれと胸びれの間に刃を入れて俗に「止（とど）め」を刺すことで放血が行われていた。現在は引退した川奈の元漁師、前島省吾はいう。

「でもねえ、あんたたち見たことはねえけんども、陸揚げしてね、内臓を取るわけよ、頭を落として。これはねえ、一般の人には見せたくないよ。だってさあ、ここ（首のあたり）に刃を入れるでしょ、そうすると血がパアーッと。我々は子どものときから見てるからいいけども。

前はちょいちょいテレビの撮影が来てたですよ。だけどそこは撮らなかった。そりゃあそうだよ。そういったものは見せたくねえ」

## イルカの屠殺現場が明るみに

昭和の時代のテレビ局が撮影を遠慮した富戸でのイルカ屠殺の光景はしかし、自然保護団体「エルザ自然保護の会」の手によって全世界に知られることとなる。

一九九九年一〇月一三日、富戸では約二〇〇頭のバンドウイルカが漁港に追い込まれ、翌一四日、数頭が水族館用に出荷されて七〇頭弱が屠殺されたが、プロ級のビデオカメラマンがそのときの模様を撮影してエルザ自然保護の会に提供。エルザ自然保護の会はその映像を一二分間の動画に編集して『日本のイルカ猟――水族館用・食肉用イルカ捕獲の実態』と題して公開したのである。[29] 恐らくこれが日本で行われているイルカ追い込み漁の模様が克明に記録された初の映像で、取り網に追い込まれたバンドウイルカが水族館用に選別されて担架で運搬される様子や、のたうちまわるバンドウイルカの尾びれにロープがかけられ数頭ずつまとめてクレーンで吊り上げられて、トラックで解体所に運ばれ屠殺される様が鮮明に収められている。それはトラックの荷台に乗せられて暴れるイルカから飛び散る鮮血でビデオカメラのレンズが汚れるほど凄まじいもので、この映像を観てイルカ漁が残酷で凄惨(せいさん)な漁だと思わないでいることは難しい。

映像の公開からしばらくすると、海外からの抗議のファックスが漁協や市役所、観光協会に殺到したが、富戸支所長の岡はいう。

「正直な話、こちらにしてみると痛くも痒くもない。ファックスが来たって横文字で書かれていて訳が分からないし。警察に渡したりはするけど、そんなもんですね」

日吉も「全然どうってことないじゃん。だって何の法令違反もしてないんだから」とまるで意に介さない。「市役所の担当者で、迷惑だっていった奴がいたのよ。おまえふざけんじゃねえと俺は怒った。何の法律違反もしてないのに、公務員の分際で何が迷惑なんだよって」

エルザ自然保護の会が撮影・公開したことで非難を浴びた一九九九年のイルカ屠殺の模様についても、「あれが一番クラシックな方法。昔は全部それだもんね」という。殺し方が残酷だという批判があっても、「ブリを殺すのも同じじゃん。うるさくいわれなきゃ（食肉のための屠殺・解体は）普通にやるよ。俺ら現場の人じゃん。何も悪いなんて思ってないよ。だって食べるものだから」という。

しかしそれでも時代の風向きは変わった。仮にまたイルカの群を発見し、港内への追い込みに成功したとしても、彼らはもうこの地で大っぴらにイルカの屠殺をすることはできないのだ。

それでも日吉はこの漁を残したいという。

「この漁は難しいんですよ。イルカはちいっと頭がいいから、高度なテクニックがいるもんで、残したいんですよ。一〇年やってなかったらさ、普通は捕獲枠を国に返そうかとか思うじゃない。だけどこれだけ反捕鯨団体が騒いでいると、それに屈したと思われるのも嫌だよね。止めればそれを手柄にする人も出てくるだろうし。うちは今でも枠はとっているけど肉にはしないで放流する。謙虚だと思うんですよ。だって枠があるのに解体しないでリリースするんだから。それについてうるさくいわれるのは、ちょっと僕ら納得できないですね」

二〇〇四年一一月に食肉用に屠殺した五頭のバンドウイルカも「おかずにさせてもらった」のだという。「おかずにする」というのは、肉を市場に出さずに漁師仲間で分けることだ。

「ここには原始共産主義みたいな食文化があって、それも大事なことだと思っている。昔はイルカが捕れると漁に関係ない家にまで肉を配ったのよ。十字路があるでしょ、そこにイルカの肉を置く。一軒に（イルカの）半身くらいずつ。旦那さんが早くに死んで困っている女の人でも、イルカを引っ張るときに手伝えば漁協から札（チケット）をもらえるんだよね。札のある人にはたくさん肉を配る。漁協にも婦人部があってね。婦人部も来てみんなで手伝ってくれるから、イルカを切っちゃあ婦人部にくれたですよ。イルカは干し肉みたいにして保存できるでしょ。そういう形だったよね」

昭和四〇年代になるまで富戸の集落に精肉店はなく、牛肉や豚肉を買おうと思えば伊東市内まで出かける必要があった。日常口にする獣肉といえばイルカ肉のことだった。川奈の前島はイルカ肉が「旨い」という。

「あのね、いろいろ料理があるですよ。野菜を入れて煮るのと、それと黒潮干しってがあるですよね。このくらい（二センチほど）の厚みでこれくらい（一五センチほど）に切ってね、みりんで干すですよ。でもほら、今は富戸も川奈もイルカが捕れないから、銚子のほうから突き棒っていって、銛で捕るイルカ漁があるですよ。[30]そのイルカを持ってくるからね、比較的量は少ないんだけんども、その黒潮干しってがね、これがまた旨い。これ（酒）のつまみには最高だよ」

「タレ」とも呼ばれるこの黒潮干しは、「弁当に普通に入っていたよ」と日吉もいう。

§

明治時代に本格的に始まった伊豆地方の近代イルカ追い込み漁は、戦後しばらくの間隆盛を極めたが、それも長くは続かなかった。今ではイルカ漁の旗を掲げているのはいとう漁協富戸支所だけで、その富戸でさえ二〇〇四年を最後にイルカ漁は一回も行っていない。イルカ漁は過去のものになりつつあるが、しかしそれでも伊豆はイルカ追い込み漁のメッカであり、かつては日本のどの地よりもイルカを多く捕っていたのだった。

一九七五（昭和五〇）年七月に沖縄県北部で「沖縄国際海洋博覧会」が開催される際、日本政府が出展する海洋生物園で飼育展示するイルカが必要になったとき、海洋生物園の飼育担当次長として赴任した内田詮三（一九三五―）の求めに応じて、奄美大島近海でバンドウイルカの捕獲を指南したのも川奈と富戸の漁師だった。このとき奄美大島に赴いた富戸の漁師、田端晃義（一九三一―）は「ここのカンカンをみんな持って行ったさ」という。田端らは一ヶ月ほど奄美大島に滞在して水族館のためのイルカ漁に精を出した。

「ほいで三〇頭も捕ったかな。いっぱいいたでさ」

二〇〇二年にオープンする美ら海水族館の初代館長となる内田は、一九七五年のイルカ捕獲を「水族館が自ら主導して追い込みでイルカを獲（ママ）ったのもそれが世界初だったんですよ」[31]と語っているが、残念ながらこれは誤りである。

水族館主導による世界初のイルカ追い込み漁が行われたのは一九六九（昭和四四）年七月のことで、それは「くじらの町」としての矜持が土地の隅々にまで染み込んでいる和歌山県東牟婁郡太地町でのことだった。

# 第二章　太地町立「くじらの博物館」物語

いま捕鯨会社は非常にもうかっているが、
この南極捕鯨ブームもあと十年とは持たない。

――太地中学校校長　宮川守三
（一九五九年）

太地の町に次の産業は何があるかということになりますとね、
私は観光しかないと思う。

――太地町町長　庄司五郎
（一九六八年）

小雨が降っていた。鮮やかなブルーに塗られた真新しいプールの中を二頭のウミガメが泳いでいた。プールの周りは立派な観客席が囲んでいる。これはイルカショーのために作られた施設なのだ。梅雨明けも間近だった。梅雨が明ければもう夏休みだが、観客席に座ってウミガメが泳ぐ様を見て楽しむ家族連れがいるとは思えなかった。

傘をさした二人の男、若者と初老の男がプールサイドに立っていた。

「まだ捕まらんのか。どうにかならんのか」

男はプールから視線をそらさぬまま、つぶやくように若者にいったが、若者には返す言葉が見つからなかった。

初老の男は和歌山県東牟婁郡太地町の町長庄司（しょうじ）五郎、当時五七歳。隣に立つ若者は三好晴之（みよしせいし）二六歳。三好は三ヶ月前の四月二日にオープンしたばかりの太地町立「くじらの博物館」の主任職員だった。

一九六九（昭和四四）年六月下旬のことである。

## 古式捕鯨発祥の地

紀伊半島の先端から東海岸を三〇キロほど北上した小さな半島の町、和歌山県東牟婁郡太地町は「くじらの町」として知られている。日本における捕鯨の起源を探れば、縄文時代の遺跡からクジラの骨が出土されもし、古事記にも捕鯨に関する記述が見つかるが、組織化された事業としての古式捕鯨は彼の地の豪族、和田一族の忠兵衛頼元が漁師らとともに工夫を重ね、一六〇六（慶長一一）年に太地浦で突き捕りによる捕鯨を始めたのがその発祥とされている。三河湾ではさらに古く元亀年間（一五七〇～一五七三）に突き捕り捕鯨が始まっており、その技術が太地に伝わったという説もある。[1] しかし太地ではその後の一六七五（延宝三）年、網舟の間に張り渡した網に勢子舟がクジラを追い込んで身動きを奪い、銛を多数投げつけて弱らせてから、勢子舟のリーダー「刃刺（または羽刺）」がクジラに乗り移って止めを刺すという網取り式捕鯨法が開発されて、この地の捕鯨は大きく発展する。灯明崎など陸上五ヶ所[2]に配置された山見と呼ばれる鯨見張りの狼煙による指令に従って、多数の手漕ぎ舟がクジラを追って熊野灘を縦横に駆け巡る網取り式捕鯨は正に地域一丸となった大事業であり、一八一八（文政元）年には、勢子舟二五隻、網舟九隻、仕留めたクジラを沈まないよう海面に固定し浜まで曳航する持左右（または持双）舟二隻、その他五隻、合計四一隻という規模にまで拡大。多いときには

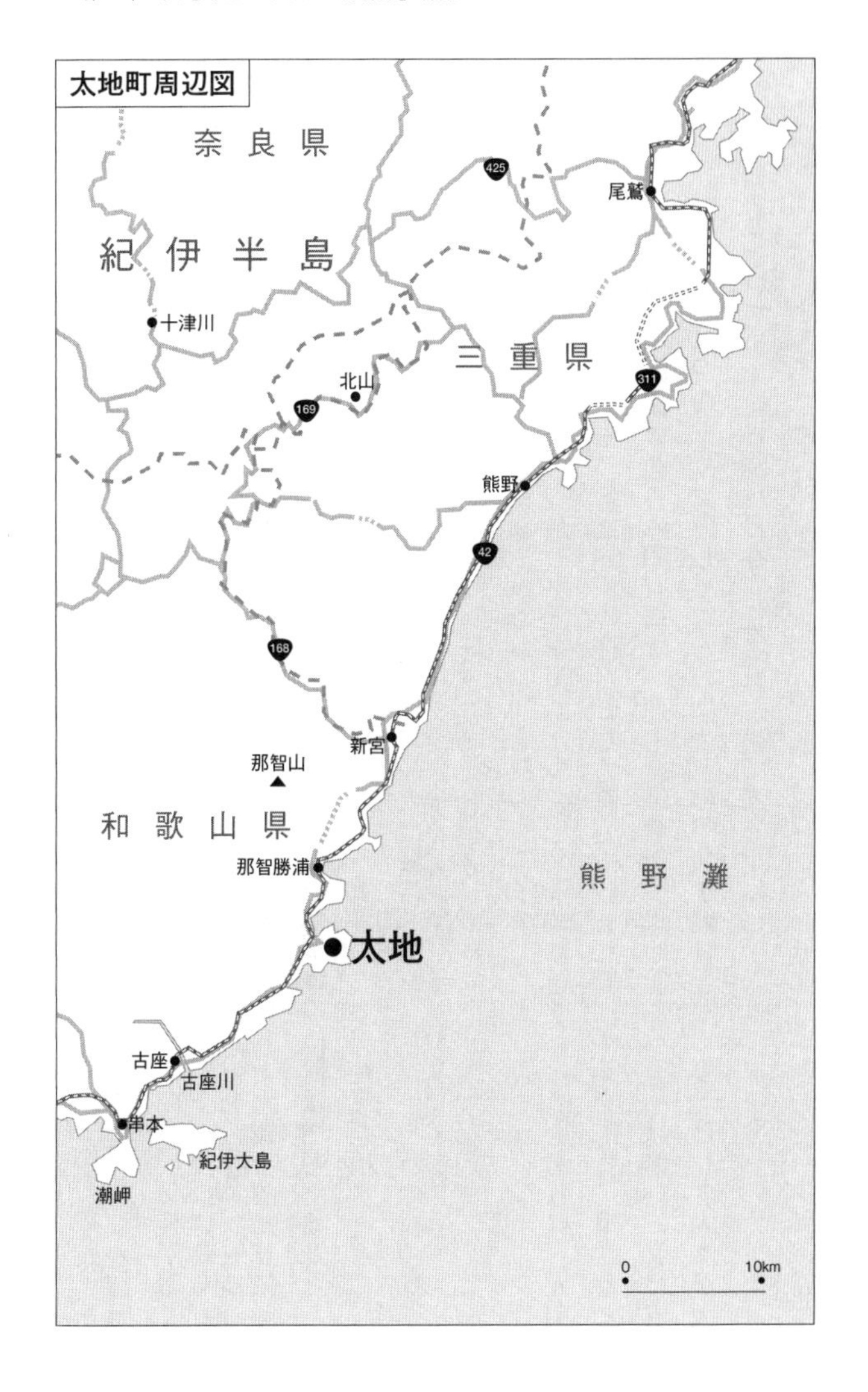
太地町周辺図
奈良県
紀伊半島
十津川
425
尾鷲
三重県
311
北山
169
熊野
42
168
新宮
那智山
和歌山県
那智勝浦
熊野灘
太地
古座
古座川
串本
紀伊大島
潮岬
0
10km

乗組人員だけで五〇〇人近い労働力が動員された。

太地浦の古式捕鯨の伝統は連綿と引き継がれていくが、日本近海で操業するアメリカの捕鯨船に押されて不漁が続くようになっていた一八七八（明治一一）年一二月二四日、気性が荒くなっているために捕鯨対象とするのは禁忌とされていた子持ちのセミクジラが発見され、不漁の焦りから悪天候をついて出漁した十数隻百数十人が[3]一三五名死亡という大水難事故に見舞われる。[4]「大背美流れ（おおせみながれ）」と呼ばれるこの事故によって、太地の古式捕鯨の伝統は途絶えることとなった。当時の総人口二五〇〇人弱[5]という小さな村を支える働き盛りの男たちを根こそぎにしたこの水難事故は、集落としての存続を脅かすほど甚大な被害をもたらした。当時の村の様子は次のように伝えられている。

一つ漁村として一時に百有余の生霊を失ふた事で、父子共に逝きたる者もあれば、兄弟共に逝きたるもの（ママ）もある。殆ど一家の柱石として働いて居りた者ばかりである。遺されたる老人達や婦女子の嘆き悲しみの有様は、迚（とて）も紙筆の能く尽し能ふべきでは無い。私は五才の時であつたが、薄々に記憶して居るのは、宅の門前を幾日となく妻女らしき人々が大声を張りあげて泣き叫びつゝ右往左往された事である。[6]

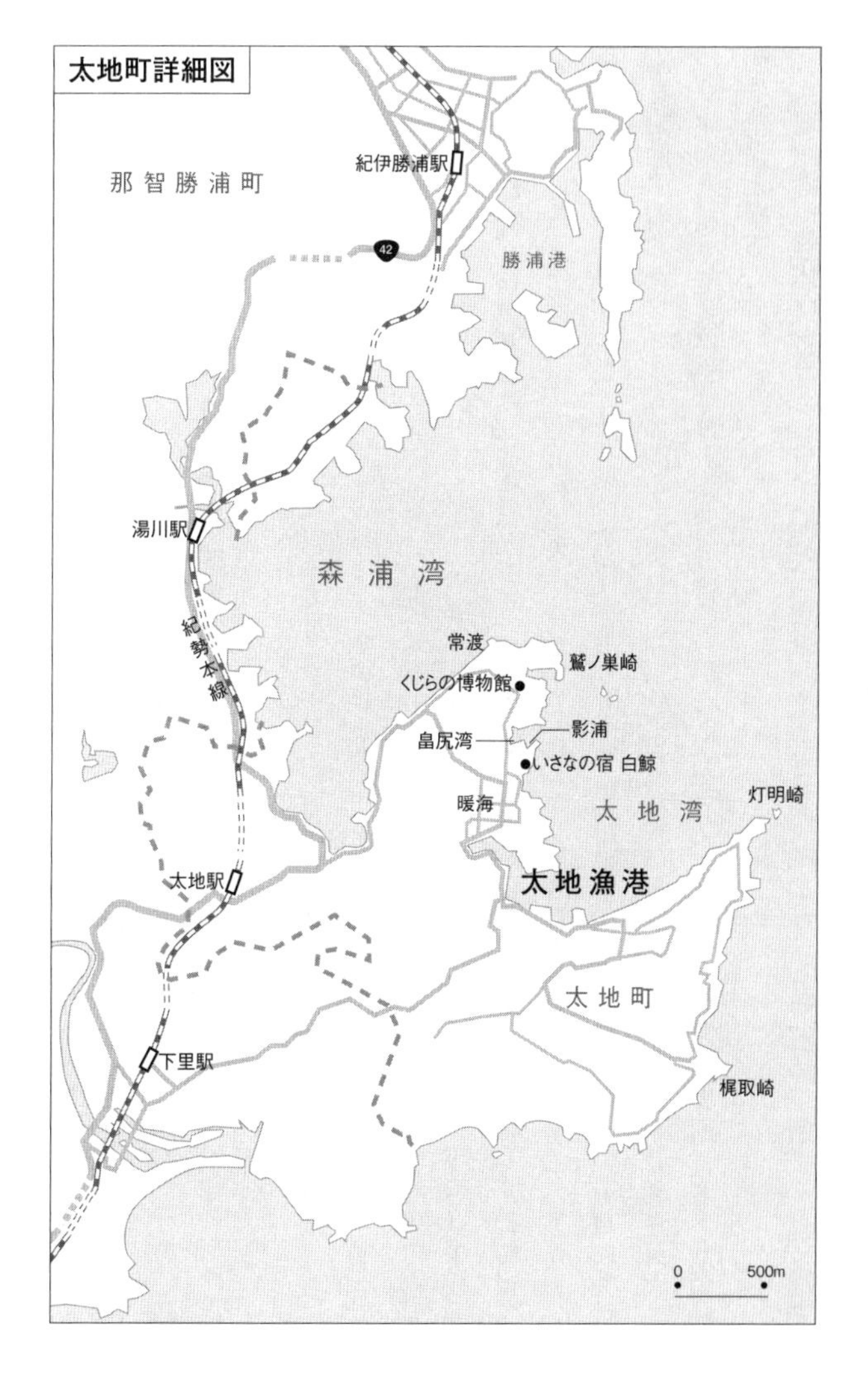
太地町詳細図
那智勝浦町
紀伊勝浦駅
42
勝浦港
湯川駅
森浦湾
紀勢本線
常渡
鷲ノ巣崎
くじらの博物館
影浦
畠尻湾
いさなの宿 白鯨
暖海
太地湾
灯明崎
太地駅
太地漁港
太地町
下里駅
梶取崎
0
500m

太地ではその後数年にわたって和田一族の持つ捕鯨権を巡って紛争が続いたが、一八九六(明治二九)年、太地の捕鯨舟、乗組員その他一切の譲渡を受けた地元出身の諸木仙之助(生没年不詳)が朝鮮の釜山近くの港を基地に捕鯨操業を始める。操業成績は良かったが一九〇四(明治三七)年の日露戦争勃発により廃業し、三〇〇年の歴史を誇る太地の古式捕鯨の伝統はここに完全に終焉した。

一九〇〇(明治三三)年には地元資本の捕鯨会社(熊野捕鯨株式会社、後の熊野漁業株式会社)が設立されて、アメリカ式のボンブランス破裂銛[7]を使用した捕鯨を開始。一九〇二(明治三五)年には太地浦初となるナガスクジラの捕獲に成功するなどの成果はあったが、事業としては成績思わしくなく一九一七(大正六)年に解散となる[8]一方、一九〇五(明治三八)年には東洋漁業株式会社が、翌一九〇六(明治三九)年には帝国水産株式会社が太地を基地として捕鯨操業を始め(一九〇九年に両社は合併して東洋捕鯨株式会社となり後の日本水産のルーツの一つとなる)、一九〇九(明治四二)年には大東漁業株式会社も操業を開始した。両社は捕鯨船の船首に捕鯨砲を装備するノルウェー式捕鯨を採用し、当初砲手を務めたのはノルウェーから招聘されたノルウェー人だった。彼らは日本人の指導にも熱心に当たり、これが後の捕鯨大国日本へと発展する基礎となる。

太地漁港に解体所を構える東洋捕鯨、大東漁業のどちらかでクジラの解体が始まると、港内の海面はクジラの血で真っ赤に染まり、鯨肉のおこぼれに与ろうと海の彼方からはカモメの大群が、山の向こうからはトビ、タカ、カラス、そしてオオワシまでもがやってきたという。[9]

## 江戸時代から盛んだったゴンドウ漁

「くじらの町」太地町のもう一つの特徴がゴンドウなどの小型鯨類を対象とした漁が盛んだったことである。最大で体長七メートルほどになるコビレゴンドウなどのゴンドウ類はバンドウイルカなどと同じマイルカ科の小型鯨類だが、時にゴンドウクジラとも称される。古式捕鯨盛んなりしころ、鯨捕りの漁師たちは本業の合間にコビレゴンドウを突き、親方の庭先でそれを肴に一杯やるのが楽しみだったという。[10] 片手間仕事だったゴンドウの突き捕りが盛んに行われるようになったのは、遅くとも江戸時代末期のことで、クジラの漁獲が減少傾向だったのと、捕鯨の閑漁期に収入の落ち込みを補うために始められたらしい。[11]

二〇世紀に入ると、手銛による突き捕り漁だったゴンドウ漁に転機が訪れる。大背美流れによって捕鯨業が大打撃を受けた太地町では、一八八三（明治一六）年のフィリピン・ルソン島を皮切りに、[12] 仕事口を求めてオーストラリアやアメリカなど海外への移民や出稼ぎが盛んに行われるようになるが、[13] 一九〇〇（明治三三）年、アメリカから猟銃を持ち帰った竹村京治郎（きょうじろう）がその猟銃をベースに銛を発射する小型捕鯨銃を開発。意気揚々とゴンドウ漁に出漁した彼は、しかし試射時に猟銃が爆発して即死し、我が国初の小型捕鯨銃開発の誉れは、その三年後の一九〇三（明治三六）年、二六歳だった前田兼蔵（一八七七―没年不詳）が受けることとなった。

前田が開発に成功したのは、一回の引き金で三発の銛を同時に発射する三連発銃で、改良に改良を重ねて翌一九〇四（明治三七）年、前田式五連発銃として完成する。[14]

いつの頃からかゴンドウの突き捕り漁に使われる船は「テント船[15]」と呼ばれるようになって

ゴンドウ類

コビレゴンドウ（中村武弘撮影、ボルボックス写真提供）

ハナゴンドウ（中村庸夫撮影、ボルボックス写真提供）

オキゴンドウ（中村庸夫撮影、ボルボックス写真提供）

いたが、ゴンドウ漁に出ていた漁師たちは、こぞって前田式五連発銃をテント船に装備するようになり、これらのテント船は一九一三（大正二）年から順次動力化されて、ゴンドウの漁獲高も急激に上昇。一九三一（昭和六）年までの記録では毎年コンスタントに五〇〇頭前後のゴンドウが捕獲されている。[16]

一九三三（昭和八）年、太地町のゴンドウ漁に新しい試みが持ち込まれる。発案したのはやはりアメリカ帰りの太地町人、奥家七（おくいえしち）だった。奥はアメリカでマグロの巻き網漁に従事しており、その経験からゴンドウも巻き網で群を一網打尽にできないかと考えたのである。同年一二月、既存テント船の協力も得て操業を開始したゴンドウの巻き網漁は、すぐにゴンドウ一〇頭を捕獲し、続いてゴンドウ三五頭、マッコウクジラ一頭の捕獲にも成功。先行きバラ色かに見えたが、大背美流れから五五年後の同じ一二月二四日、捕獲・積載した六〇頭のゴンドウが荷崩れを起こし船が転覆して一人が死亡、船は沈没という水難事故が起きる。翌一九三四（昭和九）年三月から操業を再開するが、漁果の波が激しく採算性が悪化し、一九三五（昭和一〇）年の暮れに廃業に追い込まれた。[17]

奥家七がゴンドウの巻き網漁を始めた同じ一九三三（昭和八）年、大東漁業および鮎川捕鯨で捕鯨船船長を務め、太地女をめとって太地町に骨を埋めることになる兵庫県出身の長谷川熊蔵（一八七四―没年不詳）は、前田式五連発銃と二六ミリ捕鯨砲をともに備えた勇幸丸（ゆうこう）（六・二五トン）を建造し、三陸沖でミンククジラの捕獲に成功する。[18] これが恐らく小型捕鯨船による我が国初のミンククジラの捕獲例で、勇幸丸に続きミンククジラを求めて全国各地で操業する小型捕鯨船は、徐々にミンク船と呼ばれるようになっていく。

ゴンドウはテント船の前田式五連発銃や手銛で突き捕られるだけではなく、港内に追い込まれて捕獲されることもあった。一九六九（昭和四四）年発行の『熊野太地浦捕鯨史』によると「太地浦でもゴンドウクジラは昔から多く捕獲して来たが、現代は減少したとはいうものの、毎年夏期を除く秋・冬・春の三季は今でも捕獲している。沖合いに群游しているのを三〇頭、五〇頭と、港内に追い込み、港口に網を張って脱走を防ぎ、のち、おもむろに銛で突き捕る。イルカ類も大群をなしている場合がある」[19] とあり、「昭和年代に入ってからも、三〇〜五〇頭を捕獲することは、たびたびあった」[20] という。

一九三三（昭和八）年二月にゴンドウが港内に追い込まれたときの模様について、同書には次のように記録されている。

二月一六日に三五頭のゴンド（ママ）を太地港内に追い込み、港口に網を張って、一頭ずつ引き上げて処理した。前に述べたように、ゴンドは群をなしているので、これを「カリボウ（狩棒、砧ともいう）」で船舷（ふなばた）をたたいたり、竿で海面をたたき、V状に囲み、一方を開いて追うのであるが、港口に張る網も、いたって粗めのもので、くぐり抜けようと考えるなら、十分くぐり抜け得るのであるが、彼らは一般の魚族と同様に、網を恐れてそのことをしない。しかしまれには何かの調子で脱出するものもある。（中略）付近の町村からの見物人が続々来るので、そのひとびとのために、うち七頭だけは、しばらく港内を泳がせて見物させた。（中略）群が小さい時は連発銃で捕って来るが、二〇頭以上にもなると、港内に追い込む。こうしたことはたびたびであった。ただ一〇年ぐらい前からは、このゴンドも減少しているらしく、銃で一〇頭前後捕獲することは現在でもまれではないが、港内に数十頭も追い込むということは近年見られない。[21]

太地では、カツオやイワシ、ムロ、カマス、マグロなどの魚群が湾内に押し寄せてくる「寄せ物」と呼ばれる自然現象がときおり発生することがあり、このようなときは住人総出で協力して専用の網を積んで漕ぎ出し、湾口を網で塞（ふさ）いで（網を建てて）魚群を一網打尽にし、得た水揚げを町の収益とする建網（たてあみ）漁が行われていた。ゴンドウが追い込まれた場合も同様で、その水揚げを町の収入とする共同漁業権「ゴンドウ建切網（たてきりあみ）」が設定されていた（確認できる記録として一九五一〔昭和二六〕年度太地町歳入出決算書に「午頭（ゴンドウ）分二九万円」との記載がある）[22]。ゴンドウの追い込みは、何年に一度という頻度ではあったが、太地では古くから行われていたのだった。

## 短かった終戦直後のゴンドウ景気

戦時中の一九四三（昭和一八）年、テント船やミンク船などの小型捕鯨船は全国で五三隻（うち和歌山県一五隻はすべて太地船籍でテント船九隻ミンク船六隻）だったが、終戦間もない一九四八（昭和二三）年には全国六五隻（和歌山は変わらず一五隻）、一九五一（昭和二六）年には全国七九隻（和歌山二三隻）にまで増えている。[23] 空前の食料難に見舞われた終戦直後、戦時中には思うように出漁できず人の手がほとんど届かなかった海洋資源は、資源量が増えて宝の山のような状態になっていたのだった。マグロなどもよく捕れたが鯨類もよく捕れた。太地港に停泊している二〇隻余りの小型捕鯨船のうち、ミンク船は三陸や北海道、時に津軽海峡を抜け日本海側の若狭湾にまで足を伸ばしてミンククジラを追い、テント船は熊野灘でゴンドウを中心に運良く発見できたときはマッコウクジラやミンククジラなども前田式五連発銃で仕留め、ときにスジイルカも捕った。太地では漁船は大抵イルカを突き捕るための銛を積んでいるから、テント船以外の漁船も、船の立てる波（船首波〔せんしゅは〕）に乗って近づいてくるイルカがあれば漁のついでに突き捕ることは珍しくなかった（ただし太地では食肉としてはコビレゴンドウとスジイルカが好まれて、漁師が「クロ」と呼ぶバンドウイルカが突き捕られることは稀だった）。

しかし豊かな水産資源に支えられた終戦直後の好景気は長くは続かなかった。一九四八（昭和二三）年に小型鯨類取締規則が施行されて、小型捕鯨船によるミンククジラ以外のヒゲクジラ一切とマッコウクジラの捕獲が禁じられたことと、鯨資源が傷んでゴンドウの捕獲量が急激に落ちたのが原因である。採算割れしないためには月に二五万円ほどの漁獲が必要だったが、数少ないゴンドウや稀にしか発見できないミンククジラ、それに少々のスジイルカだけでそれだけの水揚げを得ることは難しかった。テント船とミンク船を操業していた漁師たちは一九五〇（昭和二五）年、宮城県の同業者と共同で大型クジラの捕鯨権を持つ近海捕鯨株式会社を設立し、次々にテント船およびミンク船操業の廃業を始めた。[24] 和歌山県籍の小型捕鯨船は、一九五三（昭和二八）年には一六隻、一九五八（昭和三三）年には六隻となって、一九六二（昭和三七）年、太地港には有勝丸、そして二代目勝丸という二隻のテント船を残すのみとなった。[25]

四〇馬力の焼玉エンジンを搭載した二代目勝丸（八・一五トン）の船長は六〇歳を過ぎた老練の鯨漁師、清水勝彦（一九〇四―七〇）である。彼はいわば生きる伝説だった。

幕末、太地浦鯨方の刃刺筆頭を富太夫（とみだゆう）といって、名刃刺として、うたわれた人で、骨格のたくましい威厳のある人だった。子の一統は男女とも、みなたくましく健康そのものの象徴のようだったが、その次代も富太夫を名のった。この富太夫は網捕り捕鯨が廃止されてのちも、自分は生涯捕鯨からは絶縁できないといって、ゴンド船にのって連発銃を握った。息子は南氷洋捕鯨船に乗って名砲手となり、高給を得ているので、老年の父がいつまでもゴンド船に乗ることを案じて、乗船を休むよう諫めた。しかし、富太夫は、鯨は俺の生命だから足腰の立つうちは、といって承知しなかった。のみならず、四歳になる孫が「爺おれも連れて行け」と後を追うと、嫁が心配するのもかまわないで、抱いて船に乗った。以後、どんな天候の日にでも、出漁する日には必ず、この孫が富太夫の膝の上に腰かけて、海とゴンドを見つめていた。[26]（『熊野太地浦捕鯨史』）

孫を抱いて船に乗った富太夫が清水勝彦である。一七歳でテント船に乗り始めた彼は一九二九（昭和四）年、ハワイに渡って巻き網漁に従事していたが、一九五一（昭和二六）年に帰国。しばらく兄のテント船に乗った後、七・八六トンの漁船を買い取り勝丸と命名して一国一城の主となり、一九五七（昭和三二）年に二代目勝丸を建造している。

一九五九（昭和三四）年五月、太地沖にマッコウクジラの群が回遊しているのを発見した清水の勝丸を含むテント船五隻は、騒ぐ鯨捕りの血を抑え切れず串本(くしもと)船籍の大型捕鯨船二隻と捕鯨合戦を展開。テント船五隻がマッコウクジラを一頭ずつ仕留めるという大勝利を挙げたが、大型捕鯨船の通報で急行した海上保安庁の巡視艇に逮捕されて、罰金五万円、操業停止一ヶ月という処分を受けた。[27]

サンケイ新聞　昭和40年10月24日　日曜日

# 〝テント船を文化財に〟

## 近海捕鯨の発祥地「太地」

### たった一隻になった勝丸

近海捕鯨の発祥地、東牟婁郡太地町＝庄司五郎町長＝の太地港を基地に熊野灘の荒波とたたかいながらイルカ、ゴンドウクジラなど小型クジラ類を追って活躍していた小型キャッチャーボート〝テント船〟は、ついに一隻だけとなり、町の人たちをなげかせており、町では、遠い歴史をひめたこの〝テント船〟を文化財に指定して残すことを考えている。

同町は、わが国でもっとも古い捕鯨の歴史を持つ土地。文献によると、慶長十一年（一六〇六年）にモリでクジラを射止める〝クジラ突き漁業〟がはじまり、延宝五年（一六七七年）網でクジラを捕える方法が考案され、捕鯨がさかんになった。そのころ、紀州藩主頼宣公が捕鯨を奨励して湯崎湾にクジラ船五百隻を集め大クジラとりを催して見物したともいわれている。

太地などの民営とは別に和歌山藩が古座浦で、水野藩は三輪崎浦で藩営の捕鯨を行ない、明治時代にノルウェー式の銃による捕鯨がとり入れられた。テント船が登場したのは明治の末期で、戦後二十二、三年ごろには四十数隻もあった。ところが、食糧事情の好転で鯨肉の需要が減り、値段も安くなって採算がとれなくなったため〝テント船〟の数もだんだん減り清水勝彦さん所有の「勝丸」（八・一トン）と住吉清巳さん所有の「第七有勝丸」（五・四トン）の二隻となってしまった。

このうち「第七有勝丸」も、このほど買い手がなく、ついに廃船となり、「勝丸」だけが、むかしの名残りをとどめ、連日、本州最南端の潮岬沖合いから新宮市熊野川口沖での間の熊野灘で操業している。

たった一隻になったテント船「勝丸」

最後の一隻となった勝丸を報じるサンケイ新聞
1965（昭和40）年10月24日紙面

そんな武勇伝は生まれたものの、しかしそれでも終戦直後のクジラ景気はすでになかった。一九六一（昭和三六）年には極洋捕鯨株式会社が太地町港内に捕鯨基地を開設し[28]、町は捕鯨の町として復活するかに見えた。清水勝彦も（恐らくは極洋捕鯨であると思われる）捕鯨会社から捕鯨権の売却と引き替えに砲手としての雇用を持ちかけられもしたが[29]、鯨資源の減少によってマッコウクジラなどが全く捕獲できなくなって極洋捕鯨の事業所は一九六五（昭和四〇）年を最後に操業を完全に止めてしまった[30]。捕鯨会社は熊野灘の捕鯨漁場を見限ったのだ。

きつい規制と資源の減少によりテント船の操業は厳しかった。捕鯨会社が熊野灘を見捨てた同じ一九六五年の一〇月、有勝丸も廃船となって、くじらの町太地の象徴であるテント船はついに勝丸一隻だけになってしまった。[31]

## 南極海捕鯨から観光立町へ

日本の南極海捕鯨は一九三四（昭和九）年に始まっているが、戦後再開されたのは一九四六（昭和二一）年、食料難にあえぐ日本を見かねたGHQが他国の反対を押し切って許可したものである。そしてこの年の一一月に出港した第一次捕鯨船団にはすでに太地町出身者が乗り組んでいた。

テント船で捕鯨銃の砲手としての経験を持つ太地の鯨漁師たちには、捕鯨会社からのスカウトが殺到。テント船やミンク船の操業を廃業した彼らは、これ幸いとばかりに続々と南極海へ向かう捕鯨船に乗り組んだ。記録に残る太地町出身者の南極海捕鯨参加者数は、一九六二（昭和三七）年から一九六七（昭和四二）年まで（一九六五年の一八五人を唯一の例外として）毎年二〇〇人以上となっている。[32]

太地の男たちはクジラを求めて南極の氷の海へと出港していった。夫が出港すると、残された妻たちは航海の無事と大漁を祈念して七日間のお宮参りを欠かさなかった。春になると、男たちは足かけ半年もの南極海捕鯨から故郷に戻り、家族や妻、恋人との再会を果たすが、何日かすると、また慌ただしく出港していく。砲手ともなれば一シーズンの収入は二〇〇万から三

○○万円と非常に良く、[33] 町の予算の半分以上を南極海捕鯨関係者の納税金が占めるまでになっていた。[34] しかし南極海捕鯨とは所詮は出稼ぎ仕事に過ぎず、町の将来を託すことはできない相談だった。

一九五九（昭和三四）年一月、時の太地中学校校長宮川守三は、一〇年後の捕鯨不況をいち早く予測して概略次のように述べている。

南極捕鯨の前途も国際漁業協定の難航や捕鯨高の漸減傾向から決して明るくない。いま捕鯨会社は非常にもうかっているが、この南極捕鯨ブームもあと十年とは持たない。それにこの南極捕鯨は沢山の金が一時にどっと入るところから、町には一種の出稼ぎ人気が生れ、これは太地の町をそこなうとわたしはみている。その意味で中学の産業教育も捕鯨一本にしぼることは危険で、他の水産業や亜熱帯植物の栽培などの農業方面にも力を入れる必要がある。[35]

宮川と同じように捕鯨業の行く末を案じて町の産業構造の改革を模索し続けていた人物がいる。一九五七（昭和三二）年八月に太地町長職に就いた庄司五郎（一九一二―七四）である。彼が町の改革に乗り出したのは、捕鯨船を降りて町に戻る漁師の姿も目立ち始めた一九六四（昭和三九）年ごろのことだった。戦後の一時期、豊富に捕れたゴンドウもあっという間に資源が枯渇した。かつては盛んだったマグロも不漁が続いている。南極から帰った彼らの生活を支えるだけの海洋資源はもはや存在しない。捕鯨や漁業、農業だけでこの町を支えきれないことは明らかである。新しい産業を創生することがどうしても必要だった。

庄司五郎の頭に浮かんだのは、太地町を観光の町として再生させることだった。一九二九（昭和四）年から一六年の長きにわたって町長を務めた彼の父親、庄司楠五郎も観光立町を指向していて、楠五郎の尽力により太地町の海岸線および沿岸海域が一九三六（昭和一一）年二月一日、三重、奈良、和歌山の三県にまたがる吉野熊野国定公園の一部として組み入れられていた。[36]庄司五郎は父親の構想をさらに進めて、観光を町の主要産業に育てようとしたのである。

一九六二（昭和三七）年八月、彼はその後の構想の呼び水となる造成工事を行っている。漁船が往来する入江「水之浦湾（みずのうら）」六万六〇〇〇平方メートルを埋め立て、その周囲を含めて総面積一〇万平方メートルの土地を造成したのだ。造成されたのは「暖海団地（あたみ）」と名付けられた宅地だったが、着工にあたって庄司町長は「鯨では生きられなくなった太地に残された、ただ一つの道——観光資源の開発だ。（中略）大ホテルはない代わり、家族的なふんいきの旅館が行楽客を気持ちよく迎えよう」と述べている。[37]

暖海団地は、その土地の分譲によって三億円近い利益を町にもたらし、[38]勢いづいた庄司町長は一九六四（昭和三九）年、太地を観光の町に変貌させるために五ヶ年計画に着手。計画は五億八〇〇〇万円[39]を投じて常渡（じょうど）半島の海岸地帯一帯を埋め立て、大規模ホテルを誘致しようというものだったが、新たな特色は「クジラの生け捕り、放し飼い」および新たに建設する捕鯨資料館を計画の目玉に据（す）えたことだった。彼はクジラを水産資源としてではなく、観光資源として活用しようと考えたのである。[40]一九六七（昭和四二）年三月、鉄筋四階建て一〇八人収容の国民宿舎「白鯨」が完成。一九六八（昭和四三）年三月には後に「くじら浜公園」と名付けられることになる一三万平方メートルもの土地の造成が完了する。造成地には真新しい直線道路が敷かれ、その両側には屋久島から取り寄せた椰子（やし）の木が植えられたが、この時点で計画は第五期までのロードマップが描かれた「海洋レジャーセンター構想」となって、造成地一二区画へのホテルの分譲はもとより、自然公園の整備、マリーナや海洋公園の設置などを含む総事業費一五〇億円[41]という壮大なものになっていた。

一九六八年の暮れに庄司五郎は書いている。

> この近代的な海洋レジャーの立役者とならねばならないのは、やはり地元の漁師である。漁師の参画は彼等の仕事を将来にわたって安定、飛躍させるために必要であり、又客人たちに安心して海のレジャーを楽しんでいただくためにも漁師の長年の経験と技術は絶対に

必要である。漁師の参画の下に旧来の漁業と新時代の観光産業を包含したものとして、私は先ずトローリングを始めたい。アメリカ太平洋岸では百トン以上の船を使用しているが、われわれは七〜八トンまたは三十九トン型の遠洋漁船を転用したい。このトローリングと合わせて、小規模な、はえ縄も試み、都会の人々が、おそらく夢想だにしなかった、生きたマグロ類やサメ類、あるいはカジキ類を捕獲して見せたい。又、機会に恵まれて、これらのトローリング漁船が鯨の群を発見すれば、各船が連絡し合い協力して、湾内に追い込むといった『鯨の追い込み』を我が町の特色にしたいと思っている。将来は、この追い込みを更に発展させてヘリコプターで探鯨させると共に、シャチの音波を海中に放射させて鯨類の遊泳方向をコントロールし、終局には湾内に追い込むという方法にまで進めたい。シャチの音波利用は決して夢ではない。魚群探知機を併用すれば、他の魚族、つまりブリやマグロ等にも適用できると思っている。外洋はトローリング中心となるが湾内では小さな定置網を設け、朝夕、観光客に網を上げさせ、とれた魚をすぐに料理するなどして楽しんでいただく。[42]

そして観光の町として生まれ変わる太地町を象徴する中核的な施設が太地町立「くじらの博物館」であった。

三億円以上を投じるくじらの博物館の建設も庄司五郎町長の発案だった。元々捕鯨資料館として着想されたように、くじらの博物館の展示として彼がまず考えたのは、古式捕鯨に関する史料の保存と展示である。実質的には大背美流れによって一八七八（明治一一）年に終止符が打たれた太地の古式捕鯨だったが、古式捕鯨当時に使用された手銛や小刀、勢子舟の一部、そして海上で舟間の通信に使用された幟などが現存していた。古式捕鯨を今に伝えるこれら貴重な史料が散逸してしまう前に博物館を開設し、それら史料を保管展示する。それが町長庄司五郎の基本的なアイディアだったが、彼は博物館の展示をさらに豊かにするために、クジラ自体を博物展示することを考えて鯨類研究所を訪れ、一人の鯨類学者と出会う。当時東大海洋研究所の教授だった西脇昌治（一九一五―八四）である。第二次大戦時には海軍航空隊で米軍と戦った経験があり、剛胆な性格の彼は太地町長の支援要請を快諾。一九六九（昭和四四）年、西脇は次のように書いている。[43]

（太地町の）現町長は、大胆不敵でユニークな男である。（中略）この熊野捕鯨の歴史と誇りをもつ町の興亡史は太平洋の大ロマンであり、町長庄司五郎氏はその影響を多分に受けついでいるように観察される。（中略）鯨の研究を生涯の仕事としている者にとって、自分の構想による鯨のための博物館の展示を考えてくれという話は、ことわるわけにいくものではなかった。[44]

日本で初めてイルカショーを行ったのは一九五七(昭和三二)年五月に開館した江ノ島マリンランドだが、西脇はそのイルカショープールを設計しており、設計にあたって全米八ヶ所のイルカ水族館を視察していた。[45] 西脇は庄司にくじらの博物館でのイルカショーの導入を勧め、一九六七(昭和四二)年、庄司、西脇の二人は南カリフォルニアを訪れている。二人は(一九七一年まで稼働していた)リッチモンド捕鯨基地を視察してコククジラの骨格標本の寄贈を受けているが、[46] この訪米で二人が一九六四(昭和三九)年に開館したシーワールド・サンディエゴやマリンランド・オブ・パシフィックなどの先進的なイルカ水族館を見学したことは確実である。また庄司五郎は、帰国後の一九六八(昭和四三)年五月に放送されたNHKのテレビ番組『新日本紀行』のなかで次のように述べている。

太地の町に次の産業は何があるかということになりますとね、私は観光しかないと思う。(中略)少なくともクジラを追い込んだりすることはね、来年中には完成させます。(中略)ここではクジラの習性を良く知っていますからね、その海の中に飛び込んで行ってクジラに縄をかけて縛ったり、あるいはクジラと泳いだりということは恐らくよそのところではできないですね。この町の連中はそういうことが簡単にできる。だから私が夢を持てるわけ。これに一万人の能力のあるホテル群を建ててですね、ゆっくり眺めてもらいたいと。ま、皆さん方から見れば大きな話のように聞こえると思うんですがね、少なくともマイアミの海岸などでそういうことをやってますからね。[47]

彼はなぜここでマイアミを引き合いに出したのだろうか。記録はないが、庄司と西脇はカリフォルニアからマイアミまで足を伸ばしたのかもしれない。もし二人がマイアミを訪れていれば、一九五五（昭和三〇）年に開館したマイアミ海洋水族館（シークアリウム）を訪れたことだろう。マイアミ海洋水族館は、当時最も進んだイルカのスタントショーを行っていた水族館の一つであり、賢いイルカが大活躍する大人気のテレビシリーズ『フリッパー（邦題：わんぱくフリッパー）』の撮影が行われていた場所でもあった。

賢く機転を利かせて窮地に陥った人々を助ける可愛いイルカのフリッパーは、実際にはメスのバンドウイルカ五頭が演じていたが、そのイルカを調教していたのは二八歳になる海軍上がりの若者、リチャード・オフェルドマンであった。後にリチャード・オバリーと改名してイルカ保護運動の先頭に立つことになる彼は、自らが歩むことになる数奇な運命について知るよしもなく、その年一九六七年、『フリッパー』撮影のための（後に彼が虐待行為だと考えるようになる）イルカのスタント・トレーニングを嬉々として行っていたのだった。

## 新生太地町の象徴「くじらの博物館」

古式捕鯨に関する史料の展示、クジラの標本展示、そして生体のイルカやゴンドウクジラの飼育展示という博物館としては異色の内容となることが決まった太地町立くじらの博物館だったが、開館予定まで二年を切った一九六七（昭和四二）年、町長庄司五郎には現場を取り仕切ることができる有能な人間が必要だった。そこにふらりと現れたのが三好晴之（一九四三―）だった。

地元太地町のマグロ延縄（はえなわ）漁師の末っ子として生まれた三好は、中学二年から高校一年まで東京の知人宅に預けられて過ごし、一浪の後に早稲田大学第一文学部に入学したインテリの文学青年だった。しかし東京での大学生活では麻雀にうつつを抜かし、授業料未納のため二年生の学年末に早大を除籍となる。故郷の太地町に舞い戻った彼は、一度出港すると二ヶ月は戻らず、漁に入ると二〇時間の連続作業となるマグロ延縄漁船に乗った。あまりに過酷な労働条件ゆえに地獄の鬼も恐れるといわれ、別名特攻船とも呼ばれたマグロ延縄漁船だったが、天が授けた頑強な身体のお陰で彼はこの過酷な労働に二年間にわたって耐え抜いた。親兄弟への贖罪（しょくざい）を済ませて一九六七年の春にマグロ船を降りた三好は、どこかに職はないかと時の町長庄司五郎宅を訪問したのだった。一通り三好の話を聞いた庄司町長はいった。

「おまえ、ここでくじらの博物館をやらんか」[48]

庄司町長は、積年の夢である「くじらの博物館」構想を機関銃のように三好に語った。三好は「私はなかなか実感がともなわなかったが、町長のいうことだし間違いないだろう」[49]と、太地町職員となることを即断。三好は後になって「本当に庄司町長という人は、不思議な魅力を持った人であった。青年の心を強くとらえる力を持っていた」[50]と書いている。

町職員となった三好を待ち構えていたのは、鯨類の標本作製をはじめとする難題の連続だった。一九六八（昭和四三）年八月のある日、西脇から三好の元にクジラの内臓を送ったという連絡が入る。太地町が鯨類研究所に特別捕獲を申請して、オホーツク海で捕獲に成功したセミクジラのものだった。このセミクジラは模型を作るために石膏（せっこう）で型を取られた後に解体されて、その内臓が送られてきたのだが、到着日に紀伊勝浦駅に出向いてみると、彼を待ち受けていたのは冷凍車一杯に詰め込まれたセミクジラの巨大な臓物だった。三好は無理をいって漁協の冷凍庫に保存したが、これは標本にするためのものだからホルマリンに漬けて固定しなければならない。巨大な水槽にホルマリンを満たして内臓を沈めるが、水槽も巨大ならホルマリンも膨大な量である。やっと内臓を片付けたと思ったら、今度はそのクジラ一頭分の骨格が送られてくるといった案配で息をつく暇もない。たまたま捕獲されたシャチを丸ごとボイルしろと命じられて途方に暮れたこともあったが、三好が何よりも消耗したのはリッチモンド捕鯨基地から寄贈されていたコククジラの骨格の処理だった。骨格は一年以上土中に埋められており、計画では筋肉や内臓などの組織は土に帰って骨だけになっているはずだったが、太地の土壌は乾燥しにくい赤土なので、掘り出してみると腐敗した体組織がそっくり残った状態で、凄まじい悪臭が立ち込めた。西脇はボイルしろと命じるが、掘り出したクジラの腐乱遺体を煮るなど誰もやりたいはずがなく、渋る業者を説得するのが一苦労だった。

クジラやイルカの実物大模型も作製する計画だったが、水揚げされた本物のイルカやゴンドウから石膏の型を取るという大仕事で、博物館の展示準備は太地町職員だけでこなせる範囲を超えたために、東京から西脇門下の学生や助手など若き鯨学の学徒たちが続々と太地町入りした。彼らは完成間もない博物館の宿直室で地元の海産物を肴に酒を酌み交わして明日を語り、そのまま六畳の宿直室に雑魚寝した。開館準備中の太地町立くじらの博物館は、クジラに生き、クジラを学ぶ若者たちの梁山泊になっていた。

二〇〇〇年から三年の間、くじらの博物館館長を務めた雑賀毅（一九四二—）が太地町の職員となるのは、開館まであと一月と迫った一九六九（昭和四四）年三月のことである。彼は秋田県の出身で、中学卒業後に一年間働き学費を稼いで秋田県立船川水産高校（現県立男鹿海洋高校）に入学。実習船に乗ってはタスマン海まで南下して厳しく激しいマグロ漁を経験し、高校卒業後には客船や貨物船に乗ってまたも学費を稼ぎ母校の専門科に再入学した苦労人だった。一九六九年当時、雑賀は広島の尾道海技学院（現日本海洋技術専門学校）に通いながら、夜はバーテンダーのアルバイトをして学費を稼いでいたが、海軍航空隊上がりの知人の一人が、おまえもそろそろ陸に上がれよと同じ海軍航空隊の生き残りである西脇昌治に引き合わせたのだった。

豪放磊落（ごうほうらいらく）な西脇は少々荒っぽい雑賀を気に入り、俺が和歌山に日本一のくじらの博物館を作っているから、その博物館に勤めてクジラについて徹底的に勉強せよという。博物館が合わなかったら、日本中どこでも好きな会社に俺が入れてやるから、という条件付きだった。

雑賀は、太地町職員着任早々の印象について、次のように回想している。

「あと一ヶ月でオープンだということで、もう大わらわ、必死の状態ですわね。パートで来てた女の人ら総出でケースのガラスを拭いたり。大学が休みの時期だったんで、太地に帰ってきている大学生の子らをアルバイトで雇って、クジラのヒゲにエナメルを塗らせたりとか」

セミクジラの型を取った石膏は、プラスチック模型にするべく東京の造形装飾会社に送られていたが、六〇〇〇万円で発注された実物大のセミクジラの模型が博物館に搬入されたのは開館まで一〇日もない三月下旬のことで[51]、このクジラ模型が鯨漁師一五体を乗せた勢子舟の模型と組み合わされ実物大ジオラマとなって、博物館ホール二・三階吹き抜け部分に引き上げられた

くじらの博物館（著者撮影）

のは開館前日のことだった。しかしそれでも、博物館が掲げる三本柱のうち、古式捕鯨に関する史料展示、そして鯨類の標本展示という二本の柱については開館日までに準備を終えることができた。

一九六九年四月二日、鉄筋コンクリート三階建て（一部地下一階、塔屋一階）、のべ面積二〇七八・六平方メートル[52]を誇る太地町立「くじらの博物館」開館。午前一一時から和歌山県知事大橋正雄、地元国会議員ら関係者四〇〇人を集めて、盛大な記念式典が開催された。町人二〇〇〇人が作る列の先頭で、庄司町長が博物館入り口前の紅白のテープにハサミを入れると、待ちかねたように館内に入った人々は中空に吊られたセミクジラと勢子舟の実物大ジオラマに目を瞠（みは）った。二階のベランダからは餅がまかれた。博物館は一日中賑わった。

四万坪もの広大な造成地に建っているのはこのく

くじらの博物館内部の様子（著者撮影）

じらの博物館だけで、あたりには何もなかった。くじらの博物館は観光立町を目指す新生太地町の象徴であり、明日への希望そのものだった。

博物館は予定通り開館を果たした。展示はどうにか開館に間に合ったが、間に合わなかったのはイルカとゴンドウクジラの生体展示である。

「三好、早くクジラとイルカを捕まえてこい」

庄司町長は博物館主任三好晴之にいった。ちょっとそこまでタバコを買ってきてくれ、とでもいうかのように。

## クジラ・イルカ捕獲作戦始動

くじらの博物館では、二つのエリアでイルカとゴンドウを飼育する計画になっていた。一つはバンドウイルカを中心としたイルカたちのスタントを楽しんでもらうイルカショープールである。西脇自身の設計によるこのたびのプールは、一九六七（昭和四二）年にカリフォルニアを視察した際に見学したマリンランド・オブ・パシフィックのイルカショープールを模したもので、総水量七五〇立方メートル。二つのサブプールに挟まれたセンタープールは水量四五〇立方メートル、客席数五〇〇でイルカトレーナーのためのステージも備える。

もう一つは博物館前に広がる入江を網で仕切った天然プールで、五〇メートル×二一〇メートル、水深二〜五メートルという広大なものだ。この天然プールでは主にゴンドウを飼育する計画だった。

イルカとゴンドウの捕獲準備は前年の一九六八（昭和四三）年から進められていた。中心となるのは最後のテント船勝丸の船長、清水勝彦である（清水はこのときまでにゴンドウ漁の事業経営が立ちゆかなくなって勝丸を町に譲渡していたが、庄司町長はくじらの町の象徴である勝丸の操業を望んで、動かせるときには動かしてほしいと清水に要望していた）。一九六八年七月、清水は町費でアメリカ西海岸まで赴き各地の捕鯨基地やイルカ水族館を訪問して、クジラの生け捕り方法や飼育方法などを視察している。[53] その年の暮れ、庄司町長は三好らとともに清水勝彦ら中核的な漁師メンバー七人とクジラおよびイルカ捕獲方法について相談し、クジラ追い込みの段取りが次のように決まった。

勝丸はゴンドウクジラの群を探索するために毎日出漁し、群を発見したら無線で他の漁船に連絡。漁船は現場に急行して群を包囲し、船縁を叩くなど音で脅してゴンドウの群を太地港に追い込み、すかさず港の湾口を網で封鎖する。イルカの捕獲については手探りの状態だったが、直径一メートル、網の深さ一・五メートルという巨大な丸網（タモ網）が試作された。これは子どものセミ採り網を大きくしたようなもので、船首波に乗って船に近づいてくるイルカをこの網で掬い取ろうという計画である。イルカが網に入ると木製の柄が外れて、網をロープで引き寄せられるようになっていた。[54]

さらに最近、シャチが森浦湾に迷い込んできたことがあり、庄司町長は、再び湾に迷い込んできたらシャチをも捕獲しようという意気込みで、三好に森浦湾を封鎖できる網の準備を命じる。

「森浦湾を建て切る網なんてとてもじゃない」ということで三〇〇メートルほどの網が用意された。

一九六八年一二月、三好は西脇昌治の命により福島県いわき市に送り込まれる。前年四月にオープンした小浜海水浴場近くの総合レジャー施設「照島ランド」でカマイルカが飼育されており、水族館部門の館長を鳥羽山照夫（一九三五―二〇〇三）が務めていたからだった。一九七〇（昭和四五）年に開業する鴨川シーワールドの初代館長となる鳥羽山がイルカ飼育の世界に足を踏み入れたのは一九六二（昭和三七）年、地元事業家数人の共同出資により静岡県伊東市にオープンした伊東水族館に就職することに始まる。彼はすぐに頭角を現して水族館支配人となるが、鳥羽山とともに伊東水族館で働いたのが、伊東水族館の共同出資者の息子で、後に沖縄の美ら海水族館の初代館長に就任する内田詮三である。鳥羽山と内田の二人は、やがて日本水族館界における最重要人物となっていくが、イルカの飼育にも関心があった西脇はしばしば伊東水族館にも足を運び、鳥羽山や内田を自らの傘の下に収めて親しくしていたのだった。

鳥羽山は三好を快く受け入れて、伊東市川奈で捕獲されたバンドウイルカとハナゴンドウの輸送に同行させたり、イルカの飼育やトレーニングの基礎知識を一から丁寧に授けたりしたが、伊東水族館近くの川奈や富戸からイルカを調達した経験がある鳥羽山は、イルカの追い込み技術についても三好に貴重な助言を与えている。川奈・富戸では、追い込みに際して特別な器具を使っているというのである。それは先端がベルのように広がった三メートルほどの鉄製のパイプで、先端のベルから全体の三分の一ほどを水中に入れて、パイプのもう一端をハンマーで叩くと、イルカがその打撃音に怯えて誘導しやすくなるのだという。伊豆半島各地で使われていた「ハツオンキ」の存在は、このようにして太地町に伝わった（ハツオンキは太地町ではやがて鉄管（てっかん）と呼ばれるようになる）。

三好ら博物館スタッフは、年明け早々地元の鉄工所にハツオンキを三〇本ほど発注。効果があるかどうかは現物が納品されてもよく分からなかったが、三好は自身が博物館の天然プールに潜ってハツオンキを叩いてもらったことがある。このときのことを彼は書いている。

> するとどうだろう。遠くで叩いているにもかかわらず、まるで頭の真上で叩かれているような、ものすごい音がガーンガーンとするではないか。あの頃はまだ、音響学的な知識は誰ももっていなく、周波数とか水中での音の伝わり方とかにまったく無知だったのでしかたのないことだろうが、それにしても、こうまで違うものかと、改めて先人の偉大さに驚かされてしまった。[55]

若き博物館主任三好晴之は、漁船を持つ漁師たちを集めて頭を下げた。

「なんとしてでもゴンドウを追い込んで生け捕りにしなければならない。協力してください」

集まった三〇人ほどの漁師たちに追い込み漁の最終兵器、ハツオンキが配られた。恐らくは一九六九（昭和四四）年三月から四月にかけてのことである。

## 追い込み失敗で広がる無力感

開館準備も一段落した四月上旬以降、三好と雑賀ら博物館職員は、まだ夜の明けない午前四時前から勝丸などの漁船をチャーターして海に出てみたことがある。沖に出て潮岬（しおのみさき）から新宮（しんぐう）にかけて漁船を走らせてみると、イルカやゴンドウの群は簡単に見つかった。

「ああ、いるいる」

しかしここから太地港までは一〇マイル以上あり、これまでに太地の漁師たちが成功させていたゴンドウの追い込みとは条件が全く異なっていた。太地の漁師たちが行ってきた追い込みは、ゴンドウの群がたまたま陸近くまで来たときに偶発的に成功したもので、幸運に左右されるその追い込みはもう一〇年以上も行われていなかったのである。

三好たちはそれから何度も海に出るが、いつ出てもイルカやゴンドウの群は必ず目にすることができた。しかし見つかるのはいつも沖合いだった。どうやら今年は潮岬沖に冷水塊が発生しており、その影響もあってゴンドウが陸に近づかないらしい。[56]

五月に入った。初夏のさわやかな日差しが南紀の地を照らした。開館直後にはあれほど人々が押しかけた博物館の入場者は日を追うごとに減り続け、入場者が一桁という日が珍しくなくなった。鮮やかなブルーに塗られ、水面に反射する日の光がキラキラと光る真新しいイルカショープールが目に痛かった。西脇は「プールをこのまま空にしておくのはよくない、アメリカからシャチを買い入れてはどうか」と言い始め、鴨川シーワールドの開館準備を始めていた鳥羽山照夫との相乗りで、シアトルからのシャチ輸入話が進められることになった。[57]空っぽにしておくよりはいいだろうと、偶然新宮港で水揚げされた二頭のウミガメがプールに放たれた。

六月の上旬、沖合いで操業中の漁船が一〇〇頭はいようかというゴンドウの大群を発見。無線連絡を受けた勝丸ら追い込み船団は海域に急行したが、勝丸が到着したときには、群は遥か遠方にあって、足の遅い勝丸で追跡することは不可能だった。[58]

六月二一日。朝から強い雨が降っていた。風も強くうねりも高い。午前一〇時三〇分頃、モジャコ（ハマチの稚魚）の採取を行っていた漁船が灯明崎沖一・八キロ地点でゴンドウとバンドウイルカの混群約三〇頭を発見して漁協に無線で通報。連絡を受けた勝丸他漁船三〇隻は雨をついて現場に急行する。今度の群は陸に近かった。これなら追い込める。太地町の漁業史上初めて、三〇隻の漁船は半径四五〇メートルの馬蹄形の船団をつくり、ハツオンキを打ち鳴らして追い込み体制に入る。群は右へ左へと遁走（とんそう）を続け、船団も必死で隊形を維持しようとしたが、二メートルもあろうかという高いうねりのために群を見失うこともしばしばだった。[59] 追い込み開始から三時間ほど経った午後二時過ぎ、群は深く潜行して船団の沖側に浮上。清水勝彦は鯨漁師の意地を賭けて勝丸の焼玉エンジン全開で群を追撃し、（旧式の）前田式三連発銃を発射。体長四メートルと六メートルのコビレゴンドウ二頭を仕留めたが、群は沖合いの彼方に去っていった。[60]

ここまでゴンドウの群が陸に近づいたのは最後に追い込みに成功した一九五七（昭和三二）年以来一二年ぶりのことだった。群が陸に近づくことはもうないのではないか。ゴンドウクジラの追い込みなどできないのではないか。誰もがそう思い始めた。

「まだ捕まらんのか。どうにかならんのか」

梅雨の小雨の下、二頭のウミガメは、ただ気持ちよさそうに泳いでいた。

# 第三章　太地追い込み漁成立秘話

「あんた、こりゃアポロの月着陸よりむずかしいんや」

——一二年ぶりにゴンドウの追い込みを成功させた鯨漁師　清水勝彦

（一九六九年）

「ゴンドウとアラリイルカ、スジイルカは追い込んでくるのに、
目の前を回遊しているバンドウイルカを見過ごしているのは非常に残念だと。
だからなんとか追い込みに挑戦してほしい。博物館としてはそう考えた」

——くじらの博物館元職員　松井進

七月に入った。晴れ間がほとんど広がらない陰鬱な梅雨空が続いていた。七月一五日、ついに梅雨が明けて南紀が夏本番を迎えたとき、世界中の人々の関心は月にあった。七月一六日日本時間午後一〇時三二分、アポロ一一号と月着陸船イーグルを搭載したサターンV型ロケットが打ち上げられたのである。日本時間二〇日未明、アポロ一一号は月周回軌道に入る。同二一日五時一八分、月着陸船イーグル、月面着陸に成功。その六時間三八分後の二一日一一時五六分、世界中の人々が固唾(かたず)を飲んで見守るなかで、ニール・アームストロング船長が月面にその第一歩を印した。

日本時間七月二二日午前二時五四分、着陸船イーグルは月面を離陸するが、同日太地町は興奮の渦に巻き込まれる。その原因は三八万キロ彼方のアポロ宇宙船ではなく、ゴンドウとバンドウイルカの混群が再び発見されたことだった。

発見したのは太地町漁協に所属し、博物館からハツオンキの提供を受けた一隻である房(ふさ)丸（本橋俊之船長）である。午後一時頃、梶取崎(かんどりざき)沖三キロ地点で四〇―五〇頭の群を発見した房丸は、直ちに漁協および僚船に無線で連絡。勝丸他一〇隻の漁船が現場に急行した。快晴で風も弱い。今度こそ逃がさない。漁師たち一人一人に心に期すものがあった。[1]

一一隻の漁船は慎重に群を取り囲み、勝丸の指示で一斉にハツオンキをハンマーで強打すると、あたりは金属音で満たされた。恐るべき音の壁に包囲されたゴンドウとイルカの群は、唯一音のしない方向へと遁走を開始。漁船は群を追うが、六月の追い込み時には船団の沖側に出られて失敗したため、ゴンドウとの距離は十分に開けて、群の動向を見ながら慎重に追跡する。

町役場では町議会が開かれていたが、追い込み開始との知らせを受けると、議会の全員が議事を放りだして岸壁へと走った。庄司町長はクルマで灯明崎に急行し、次々と上ってくる見物人の先頭で双眼鏡を構え成り行きを見守る。岸壁は地元の住民に加えて新宮や串本から駆けつけた物見高い見物人で黒山の人だかりとなった。

午後四時、船団はイルカとゴンドウの群を灯明崎沖五〇〇メートルまで追い詰める。あと一息で港内だというそのとき、読売新聞の軽飛行機が飛来した。ゴンドウの追い込みを撮影しようと高度を下げた飛行機からエンジンの爆音が降り注ぐ。音に敏感なゴンドウたちは、上空からの凄まじい音に怯え恐慌を来し、音から逃れようと巨体を翻して沖へ向かおうとする。そうはさせじと逃げるゴンドウを追い、回り込んでハツオンキを連打する漁船。苛立つ漁師から「あの飛行機をなんとかしろ」と漁協に無線連絡が入る。空を見上げて舌打ちし飛行機に猟銃を向ける漁師もある。さすがに発砲はしなかったが、それほどとんでもない不意の邪魔だった。

ゴンドウが何頭か沖側に回ってしまった。群から分かれた小さく黒い一群が逃走していく。太地の漁師たちが「クロ」と呼ぶバンドウイルカの群だった。[2] 賢く敏捷(びんしょう)な彼らはゴンドウの群を見限って、自分たちの一族だけで逃げたのだ。

しかしそれでもまだ何十頭かのゴンドウは船団と陸に挟まれていた。船団は隊形を立て直し、ハツオンキを叩き船縁を叩き、ゴンドウの群を追い詰めていく。午後五時三〇分頃、群は港口を通過。待機していた漁船がすかさず網を張って入り口を封鎖。ゴンドウ追い込みはついに成功した。[3] 一九五七（昭和三二）年八月に六〇頭のゴンドウを追い込んで以来、実に一二年ぶりの成功だった。[4]

陸に上がって笑顔で顔をくしゃくしゃにした清水勝彦は、待ち受ける新聞記者にいった。

「あんた、こりゃアポロの月着陸よりむずかしいんや」[5]

## 生け捕り成功、活気づく太地町

翌二三日、漁師たち一〇〇人が早朝の五時半に漁港に集合した。漁港内に追い込まれた二一頭のゴンドウを博物館に移送するためである。二トンクレーン車と大型三輪トラックが用意され、この日の漁はすべて休漁となった。午前九時、作業開始。港口を塞いでいる網の内側に入れられた網が引き絞られ、次第に網の輪が狭められていく。あたりは四〇〇〇人もの見物人でごった返し、ゴンドウの上げる悲しげな鳴き声が途切れることなく聞こえ続けていた。

直径が五〇メートルほどになったところで数隻の小船が網の輪の中に入る。網はさらに引き絞られて、「バシューッ」「ブホーッ」というゴンドウの荒れた呼吸音が響きわたる。

小船の一隻では、舳先(へさき)近くで若い漁師が身構えている。昨年の暮れに準備したイルカ捕獲用の丸網を使おうというのだ。

五メートルはあろうかというゴンドウが小船の近くを通る。タイミングを見計らって漁師が頭から丸網を被せる。網に力がかかると計算通り柄が丸網から外れてゴンドウの胴体を網のロープが締め付けると、突然の出来事にゴンドウは死に物狂いで暴れ、ロープがつながれた小船は木の葉のように舞って今にも転覆せんばかりだ。他の小船からも網がかけられ、ゴンドウの動きが弱まったところで漁師たち数名が海中に飛び込む。タンクトップのウェットスーツを着た若者もあるが、ふんどし姿の壮年の漁師もあり、その姿は古式捕鯨の再現だった。岸壁近くまで牽引して尾びれにもロープをかけようとしたそのとき、ゴンドウが最後の力を振り絞って尾を強く振った。尾びれを抱きかかえていた漁師ははじき飛ばされて背中から岸壁に激突。漁師の背中は擦れて血が吹き出し、傷を受けたゴンドウの脇腹と尾からも出血が始まって、あたりの海水はバラ色に染まった。

午前一〇時過ぎ、ようやく最初の一頭が木枠にスポンジを貼り付けた特製担架に乗せられて

昭和44年7月24日　木曜日

捕われクジラ博物館入り

17頭クレーン車で

1万人の目パチクリ

和歌山

こども一頭は死ぬ

サンケイ新聞　1969（昭和44）年７月24日紙面

クレーンでつり上げられ、三輪トラックで博物館に運ばれた。午後五時までに一七頭のゴンドウが博物館に運ばれたが、うち子ゴンドウ一頭が捕獲・輸送のストレスから斃死した。

クジラ生け捕りの効果はてきめんだった。夏休みということもあって、太地町には連日マイカーや観光バスが押しかけた。二七日の日曜日には、生きているクジラを一目見ようとくじらの博物館には三〇〇〇人以上の来場者が殺到。[6] そんな同日、漁師たちはまたもゴンドウ四六頭の追い込みに成功する。観光客、住民入り乱れてクジラ、クジラで大賑わいの週末であった。

この日二七日に追い込まれたゴンドウクジラは、一五頭が博物館に運ばれ、弱った個体は一部屠殺されて食肉として市場に揚げられたが、残る三〇頭ほどのゴンドウは、博物館にほど近い畠尻（はたけじり）湾と呼ばれる小さな入江に作られた生け簀（いけす）に入れられた。[7] ゴンドウの追い込み成功を受けて八月一日から三日まで急遽行われることになった「古式捕鯨ショー」の生贄にされるためである。

八月一日午前一〇時、第一回のショーが始まった。一五〇〇人の見物客が見守るなかで、畠尻湾に船長約四メートルの勢子舟と七メートルほどの持左右舟二隻が姿を現す。乗るのは赤い鉢巻きにふんどし一丁という男盛りの漁師たちである。(実際の古式捕鯨の役割分担とは異なるが)持左右船がゴンドウクジラを一頭また一頭と追い立てると、待ち構えていた勢子舟の漁師二人がゴンドウに次々に手銛を投げつける。ゴンドウからは鮮血が吹き出し、海面は深紅に染まる。情け容赦なくゴンドウに手銛を投げつけた漁師の一人は南極海帰りの本橋明和(一九三四―)、三五歳である。五頭のゴンドウは悶え苦しんだ末に最期を迎えたが、手負いのゴンドウが暴れて勢子舟に衝突し、舟は転覆して二人の漁師が投げ出されるというハプニングもあり、ショーとしては迫力満点だった。

続いて清水勝彦操船による勝丸が登場。三〇メートルほどの距離から清水がゴンドウクジラを狙い、前田式連発銃の引き金を引くと、轟音とともに三本の銛が発射されて、見事ゴンドウに命中。またもあたりは血の海となった。

殺されたゴンドウはその場で解体されて即売に付されたが、肉を買う者は誰もいなかった。見学料はくじらの博物館の入場料込みで大人三〇〇円、子ども二七〇円。クジラの屠殺が見世物として許容される時代だった。[8]

一九六九（昭和四四）年の夏は、太地町、そしてくじらの博物館にとって、町の存続を賭けた観光事業が大成功を収めた記憶に残る夏となったが、博物館で飼育されている三一頭のゴンドウたちは次々に死んでいった。当初の主な死因は餓死である。ゴンドウクジラはイルカなどと同じハクジラの仲間で、自然界では生きたイカや小魚を食べる。飼育下では餌として死魚を与えるしかないが、ゴンドウは自発的には決して死んだ魚を食べないため、捕らえ無理やり口を開けさせて死魚を喉奥に突っ込みその味を覚えさせる「強制給餌」を一週間から一〇日ほど行う必要があった。しかしその必要性を知る博物館スタッフはいなかった。何日も餌を食べないゴンドウに、博物館主任三好が西脇昌治に教えを仰ぐと、強制給餌の必要性を理解していた西脇は、すぐにそうせよと作業指示を出す。そうはいっても広い天然プールに放たれたゴンドウを捕らえてクレーンでつり上げて陸に上げ、無理やり口を開かせてイカやサバ、アジなどを押し込むのは並大抵の作業ではなく、すべてのゴンドウに行うことは不可能だった。ゴンドウは一頭また一頭と死んでいった。

九月上旬には生き残ったゴンドウは一三頭にまで減っていたが、この時点で全頭餌づけに成功しており、[9]これで安定するかに見えた。しかしその後もゴンドウは肺炎などの原因で死に続けて、越年したゴンドウはわずか五頭だった。[10]一九六九年四月二日に開館したくじらの博物館は、初年度一二月末までの九ヶ月間で二二万人もの入場者があったが[11]、それはゴンドウ二六頭の屍（しかばね）の上に築かれた成功だった。

## イルカ捕獲の試行錯誤

ゴンドウの死亡率の高さは問題だったが、一九六九年七月の二回の追い込み成功により、くじらの博物館は、営業的には成功裏に初年度を終えることができた。初年度に成功しなかったのがイルカの生け捕りである。飼育に最も適しているのはバンドウイルカだが、くじらの町を自他ともに認める太地町の漁業史にあって、イルカの追い込みだけは一度も成功したことがなかった。そもそも勝丸のような焼玉エンジンの木造船では六ノット七ノットがやっと、ディーゼル発動機を積んでも一二ノット（時速約二〇キロ）がせいぜいだというのに、バンドウイルカの最大泳速は時速四〇キロ以上。太地の漁師たちにとっては、イルカは船首波に乗って漁船に近づいてくるものを手銛で突き捕る突き棒漁で捕るもので、イルカを追い込んで捕ろうという発想はどこにもなかったのである。

三好晴之ら博物館職員は漁船をチャーターして、前年七月二三日のゴンドウ取り上げ時に試用した直径一・五メートルの丸網を持って何度も海に出た。イルカは簡単に見つかったが、どんなに凪いだ日であっても海上には多少のうねりがあり、高速に泳ぐイルカを丸網で掬い取ることは難しかった。

それでも何とかしてイルカを捕獲しなければならない。若き博物館職員たちはあれこれ知恵を絞り、さまざまな方法でイルカの捕獲を試みた。

イルカはシャチに怯えるという。庄司町長が考えるようにシャチの鳴き声で脅せばイルカを追い込めるのではないか。そこで米国と長崎大で録音されたシャチの鳴き声の録音を水中スピーカーから流す仕組みを考案。いまは二頭のみになってしまったゴンドウの泳ぐプールで流してみるとゴンドウは恐慌をきたして音から逃げていき、これならいけると大喜び。しかし実際に海に出てイルカの近くで流してみると、最初のうちこそイルカたちは一目散に逃げたが、やがて本物のシャチの鳴き声でないことに気付くと、逆に好奇心から音源に近寄ってくる始末だった[12]。

音がだめなら視覚に訴えてはどうか。延縄に空き缶の蓋を何百となく取り付けて、イルカの群近くで投入してみたが全く効果がない。空き缶が付いた延縄を引き上げるのは並大抵の力では不可能で、網はそのまま廃棄する羽目になった。

船速が速ければどうか。漁師上がりの三好晴之と雑賀毅の二人は、米国マーキュリー社製五〇馬力エンジンを搭載しているモーターボートを借り出してチャーターした漁船に接続。沖合いまで漁船でモーターボートを曳航し、イルカの群を発見したらモーターボートに乗り移って群を追おうという算段である。三好、雑賀ら博物館職員三人は、まだ夜も明けやらぬ四月の下旬のある早朝、そろりそろりと港を出港。沖合いに出ると例によって群は簡単に見つかった。三好と雑賀は漁船の操船を若い職員に任せ、モーターボートに乗り移って群を追う。雑賀は舳先に腹ばいになり、(ボートを係留する際にロープをかける)クロスビットにロープで体を括り付けた。

三好がエンジンを全開にすると、このボートはさすがに速く、あっという間に潜行している群の真上に乗り上げる形になってしまった。雑賀がふと海中をのぞき見ると、そこにあったのはイルカではなく体長七メートルはあろうかという巨大なゴンドウの群だった。遥か沖合いの海中に見るゴンドウは正に海の化け物だった。

「こいつらが浮かんできたらひっくり返されたやろなと笑い話になってるんですけど、そりゃあそのときは怖かったですよ。でももう必死ですわね三好さんもわしも」と雑賀は当時を振り返る。

五月に入った。ゴンドウがまた死んだ。博物館で生存しているゴンドウは一頭だけになってしまった。[13] 恐らくゴンドウの群は七月まで回遊してこないだろう。なんとかしてイルカを生け捕らなければならない。焦った三好らは漁船で再三海に出ては丸網を構えるが、どうしてもタイミングが合わない。ふと甲板を見るとイルカを突き捕るための手銛(突き棒)が転がっているのが目に入った。

「おい、これちょっと貸してくれ」

三好は突き棒を手にすると、丸網ではどうしても届かなかったイルカにひょいと投げつけてみる。すると銛は偶然バンドウイルカの胸びれに命中。銛に付いているロープをたぐり寄せようとしたとき銛がはずれてイルカは船から離れていったが、準備をして臨めばイルカは銛で突いて生け捕れるに違いないという確信がこのとき生まれた。

早速三好は、その年の一月に博物館に就職した近畿大学水産学科出身の松井進（一九四五―）とともに、イルカに命中したときに致命傷にならないよう矢尻の先端から八センチの地点にストッパーを取り付けた特別製の手銛を発注。丸網からはフレームと柄の部分を残し網は取り外した。

五月二二日未明、特製の手銛を装備した漁船数隻が出漁。三好晴之、雑賀毅、松井進ら博物館職員が同乗する。バンドウイルカが船舶に接近してくる夜明けからの九〇分ほどが勝負だった。

夜が明けてしばらくすると、幸先良くバンドウイルカの群を発見。群と直交するように気を配りながら全速で群に接近する。群との距離が一〇〇メートルになったところで中速に減速。さらに群まで二〇メートルに接近した時点で微速に減速すると、漁船に気付いたバンドウイルカの群は、進路を変えて漁船に向かってきた。エンジンの出力をさらに絞る。数頭のバンドウイルカが一メートルほどの水深で船首を横切ろうとした瞬間、背びれの付け根付近を狙って銛を放つ。見事命中、さらにもう一投。これも命中であった。すかさず二頭のイルカを船縁に引き寄せ、フレームだけ残した丸網を使って背びれ付近にロープを掛け、体の下に特製の担架を通して四人がかりで引き上げる。ついにバンドウイルカの生け捕りに成功である。引き上げたイルカは毛布を掛けて絶えず海水をかけながら急ぎ博物館にとって返す。輸送中に銛は摘出し傷口は消毒・縫合した。[14]

バンドウイルカ捕獲の方法論を得た彼らは、それから七月二五日までの二ヶ月間、天候が許す限り連日出漁し、バンドウイルカ一二頭の捕獲に成功した。初日に捕獲した一頭は翌日死に、七月の下旬には八頭にまで減っていたが、三好と松井の記録によると「突き取(ママ)った個体はコビレゴンドウ等の追い込み可能な時期七月下旬まで生存すれば充分であると考え[15]」られており、その思惑通り七月二七日午前六時頃、勝丸が梶取崎沖約一キロ地点でコビレゴンドウとバンドウイルカの混群を発見。漁船八隻が現場に急行して追い込みを開始し、午前一〇時過ぎに太地港への追い込みに成功する。[16] くじらの博物館へはゴンドウ一八頭、バンドウイルカ三頭が搬入されて、この時点で博物館の飼育鯨類はゴンドウ一九頭、バンドウイルカ（突き捕りの生き残り八頭を含め）一一頭。雑賀が調教を手がけるアシカも加わっており、夏の観光シーズンへの備えはまたも万全となった。くじらの博物館は八月一四日から一六日までのお盆休みだけで一万三〇〇〇人を超える観光客でごった返し、大変な賑わいだった。[17]

九月に入るとバンドウイルカは七頭にまで減っていたが、うち三頭の飼育は順調で、翌年の夏にはイルカショーでジャンプなどの芸を見せて活躍するまでになる。イルカの飼育は全般に順調だったが、七月二七日に搬入された一八頭のゴンドウは前年同様次々と死に、翌年一月までに飼育されていたゴンドウ全頭が死亡する。[18]

## バンドウイルカの大量捕獲に成功

九月。夏休みも終わり、観光客も少なくなって落ち着きを取り戻した太地町、そしてくじらの博物館だったが、同月一三日頃、耳よりな情報がもたらされた。串本・紀伊大島間の幅二キロほどの水路にイルカの大群が迷い込んでいるというのである。知らせを受けた三好晴之が清水勝彦操船の勝丸に乗船して現場に行ってみると、一〇〇頭を超えるイルカが黒い背中を光らせて泳ぎ回っていた。飼育・調教に最適なバンドウイルカだった。なんとかしてこの群を追い込めないいか。ハワイ沖で巻き網漁の操業をしていた清水勝彦はいった。

「これは網で巻けば捕れるかもしれん」

森浦湾にシャチが迷い込んできたときに湾を建て切る網を作っておけとの町長命令で用意し

てあった三〇〇メートルほどの網の出番だった。
九月一五日、勝丸を指揮船として小型漁船一一隻がイルカ捕獲に出漁。午前九時より漁船全隻が群を包囲し、二隻の漁船が展開した網への追い込みを試みる。バンドウイルカ数十頭の追い込みに成功し、網船はすかさず巻き網の封鎖を試みるが、現場は海峡で潮の流れが速く、網が流れて全頭が網の外側に逃げてしまう。漁船は全速で群を追うがバンドウイルカは速く、あらぬ方角に姿を現す。午前中に一回、午後に二回網に追い込んだが、結局その日は捕らえることができなかった。しかし翌一六日、網を二重にして潮の流れの緩い地点に展開することで、見事イルカの群の巻き取りに成功。イルカは網から串本町のヨットハーバーへと誘導された。追い込み頭数一〇六頭という大漁である。
捕獲されたバンドウイルカは、くじらの博物館に五二頭が搬入されたほか、山口県の下関水族館に一〇頭、三重県のイルカ島に七頭、福井県の越前松山水族館に四頭、串本町観光協会に三頭がそれぞれ売却されて捕獲・搬送時に二三頭が斃死。残る七頭はリリースされた。[19]
イルカの大群の捕獲は、これが太地初となる成功例である。しかしそれは巻き網を使ったものので、ハツオンキ＝音の網を展開しての追い込みの成功までにはさらに数年が必要となる。

## 漁船のFRP化と追い込み漁の完成

一九六九（昭和四四）年八月に太地町の畠尻湾で行われた古式捕鯨ショーで刃刺役を務めた本橋明和は、南極海捕鯨帰りの鯨漁師だった。彼が南極海捕鯨船に乗るのは一九五七（昭和三二）年、二三歳のときのことで、四年後の一九六一（昭和三六）年に結婚。妻喜代（一九三七―）の願いは「歴史に残る鉄砲さん（砲手）になってもらうこと」だったが、彼は二番手砲手だったために出番が少なく、稼ぎも一番砲手には遠く及ばない。独立心が強い本橋明和は「縛られるのが嫌やったから」と一九六三（昭和三八）年に捕鯨船を降りて太地に戻り、しばらく兄の漁船に乗っていたが、翌一九六四（昭和三九）年、木造の漁船名高丸を造って独立する。

博物館のためのゴンドウ追い込みにも加わった彼は一九七〇（昭和四五）年、漁船を新造するが、このたびの新船は木造ではなく、東牟婁郡初となるＦＲＰ船だった。搭載するのは九〇馬力のディーゼルエンジンである。

本橋がプラスチックで船を造ったということで、仲間の漁師たちは好奇心から彼の船を見に来たが、「こんなのはすぐにさばけてしまう」といって嗤った。「ポリバケツと一緒やら」。

しかしこの船は速かった。木造で四〇馬力の焼玉エンジンを搭載したテント船勝丸は八ノット出るかどうかといったところで、ディーゼルエンジンを搭載しても木船なら最高速度は一二ノット前後だったが、（後に昌高丸と船名を変えることになる）名高丸は一八ノット以上の速力があり、太地港の漁船としては他を圧して最速だった。プラスチックなどすぐにさばけてしまうといっていた漁師仲間も、名高丸の性能を無視できなくなった。

名高丸に続いてFRP製となったのは彼の二人の兄の乗る周丸（九〇馬力：土谷茂）、房丸（九五馬力：本橋俊之）である。そして彼ら三人兄弟の近所に住む漁師仲間、大雄丸（九〇馬力：小畑福次）、紀秀丸（七五馬力：海野春夫）、幸丸（馬力不明：脊古喜佐男）、基丸（一〇〇馬力：海野勲[20]）が続き、一九七〇年中にこの七隻がFRP船となった。誰もが四〇歳になったばかりの男盛りで、全員が南極海帰りの鯨漁師である。圧倒的な船速を生かして何か新しい漁ができないか。気心の知れた七人の男たちは、あれやこれやと知恵を出し合う。本橋喜代は当時を振り返る。

「普通の漁師しててもあかんで、突き捕りをし出したんです。猟銃を買って、イルカを突いて。そんなこと始めて」

七人のこのグループは自らを突き棒組合と称し、しばらくの間、猟銃や手銛（突き棒）でイルカを捕っていた。一九七〇年一二月二三日付和歌山新報は「太地でイルカの水揚げ盛ん」と題して彼らの漁を報じている。

東牟婁郡太地町、太地漁協組の魚市場に連日十—十五頭、多いときは三十頭のイルカ（体長二—二・五メートル、重さ七十—百二十キロぐらい）が水揚げされている。値段はキロ当たり六十円と比較的安く昨年並み。ほとんどが地元で売りさばかれるが新宮市内でも売られる。イルカ漁獲は十一月ごろから始まり来年三月ごろまで続けられる。

夜明けとともに太地港から〝つきんぼ〟といわれる小型漁船（三―四トン）七隻が十五マイルから三十マイルの沖合いへ出漁、イルカを追ってモリで射止める。[21]

猟銃と銛でイルカを捕るスタイルは翌漁期も続く。一九七一（昭和四六）年一一月二五日付熊野新聞。

猟銃でズドンと
熊野灘で豪快なイルカ漁

熊野灘はいまイルカとりの最盛期。クジラの町、和歌山県東牟婁郡太地町太地港は連日、三十―四十頭を水揚げし活気づいている。来年二月末まで続く。
太地港から七隻（三―五トン、二、三人乗り組み）が毎朝五時ごろ出港、潮ノ岬沖の漁場でイルカの群れを追う。人なつこい習性を利用、船に近づいたところを船上から猟銃で頭をねらってズドン。ひるんだところを手投げモリで仕止めて引き上げる。一隻で調子のよい日は八―十頭をとり、午後七八時ごろ帰港する。魚雷のように並べられたイルカは体長二㍍前後、重さ八十―九十キロあり朝市で一頭八千円から一万円で仲買業者に買われ解体される。
【写真は水揚げされたイルカ】

熊野新聞　1971（昭和46）年11月25日紙面

「猟銃でズドンと　熊野灘で豪快なイルカ漁」

熊野灘はいまイルカとりの最盛期。クジラの町、和歌山県東牟婁郡太地町太地港は連日、三十―四十頭を水揚げし活気づいている。来年二月末まで続く。

太地港から七隻（三―五トン、二、三人乗り組み）が毎朝五時ごろ出港、潮ノ岬沖の漁場でイルカの群を追う。人なつこい習性を利用、船に近づいたところを船上から猟銃で頭をねらってズドン。ひるんだところを手投げモリで仕止めて引き上げる。一隻で調子のよい日は八—十頭をとり、午後七八時ごろ帰港する。魚雷のように並べられたイルカは体長二メートル前後、重さ八十—九十キロあり朝市で一頭八千円から一万円で仲買業者に買われ解体される。[22]

一九七〇年から一九七二(昭和四七)年春までの漁期には猟銃と手銛でスジイルカを捕っていた七人衆だったが、イルカを一頭一頭手銛で突き捕るのはなかなかの重労働だった。突き捕りではなく追い込みで捕獲できれば作業効率は格段に向上する。誰がいい出すでもなく、突き棒組合の七人は追い込み漁を志向し始めた。対象鯨種はイルカではなく、これまでにもしばしば成功実績があがっていたゴンドウである。しかしなかなかうまくいかなかった。記録に残る一九七二年の追い込み成功事例は三月五日にバンドウイルカ四頭が偶発的に定置網に入った一例と、五月一七日、灯明崎沖約九キロ地点で群を発見し、ゴンドウ二一頭の追い込みに成功した一例のみである。[23]

関係者[24]の話を総合すると、太地から伊東市川奈・富戸漁港への視察は少なくとも二回行われているが、最初の視察が行われたのは、恐らくはこの頃のことである。追い込みの失敗を繰り返す彼らに「おまえら失敗ばかりしてて、あっち(川奈・富戸)を見てみやんせ」というアドバイスがあり、名高丸の本橋明和と基丸の海野勲の二人が静岡県伊東市の漁港に追い込み漁を見物に出かけた。

本橋喜代によると、当時川奈・富戸側は追い込み漁の見学を渋っていたために、「そうそう、内緒で見てきたんよ。基丸さんとうちのおとうちゃん」という。

そして二人は、博物館が作って太地の漁師に与えたハツオンキに不備があったことを知る。川奈・富戸で使われているハツオンキは、中にオイルが入る中空構造になっており、オイルが入らないと効果が激減。中に入れるオイルの種類によっても効果は大きく左右するという。

ハツオンキの構造の違いに気がついた彼らは、川奈・富戸にならってハツオンキを作り直し、その甲斐もあってか一九七三（昭和四八）年、ついに太地町初となるイルカの追い込みに成功する。二月一二日正午頃、イルカの突き捕りをしていた七人衆の一人、海野春夫操船の漁船が梶取崎沖約一〇キロ地点で一〇〇〇頭はあろうかというアラリイルカ（＝マダライルカ）の大群を発見。無線連絡を受けた僚船四隻が現場に急行し、三時間がかりで約一〇〇頭を太地港へ追い込むことに成功したのだ[25]。音によるイルカの大規模な追い込みが成功したのは、これが最初の事例だった。

五月二二日、ゴンドウ三一頭の追い込みに成功。六月二日、ゴンドウ一五頭の追い込み成功。六月一四日、ゴンドウ約三〇頭成功。六月一九日、ゴンドウ成功（頭数不明）。七月二日、イ

スジイルカ（中村庸夫撮影、ボルボックス写真提供）

マダライルカ（中村庸夫撮影、ボルボックス写真提供）

ルカ一〇〇頭成功。八月七日、イルカ四五頭成功。一二月一五日、ゴンドウ二五頭成功。[26] 成功例の多さは前年の比ではなかった。彼らの追い込み技術は著しい進歩を遂げたのである。

## 生け捕り目的で始まったバンドウの追い込み

ゴンドウとマイルカ（スジイルカおよびマダライルカ）の追い込みが日常的に成功するようになった突き棒組合だったが、彼らが決して追い込みを試みない鯨種があった。バンドウイルカである。バンドウイルカはスジイルカやマダライルカよりも大きく体力があって知力にも優れているため、追い込み漁では捕獲できないと考えられていたうえに、食肉としても太地では好まれない「外道」だった。太地では（ゴンドウとの混群として捕獲されたり定置網に入ったりする偶発的な成功を除けば[27]）一九七五（昭和五〇）年までバンドウイルカは一度たりとも追い込まれておらず、突き棒漁および小型捕鯨船による捕獲頭数も、記録が残る一九六三（昭和三八）年から七〇頭を超えたことはなく、多くの年で二〇―三〇頭前後を推移していた。[28]

しかしバンドウイルカには食肉以外に大きな需要が生まれつつあった。高度成長時代の真っ直中にあった当時の日本では、一九七〇（昭和四五）年頃からイルカのスタントショーを見せる水族館が全国的に増え、生体のバンドウイルカへの需要が急増していたのだ。それら水族館へのバンドウイルカの供給を一手に引き受けていたのが伊東市の川奈・富戸である。当時博物

バンドウイルカ（中村庸夫撮影、ボルボックス写真提供）

館職員だった松井進は語る。

「ゴンドウとアラリイルカ、スジイルカは追い込んでくるのに、目の前を回遊しているバンドウイルカを見過ごしているのは非常に残念だと。だからなんとか追い込みに挑戦してほしい。博物館としてはそう考えた」

一九七〇年に串本沖で一〇六頭を捕獲して以来、一九七二（昭和四七）年三月に偶然定置網に入った四頭以外、生体のバンドウイルカは一頭も捕獲されていないために、くじらの博物館で飼育されているバンドウイルカが先細りになっていたという事情もあった。くじらの町を自他ともに認める太地が、伊豆からバンドウイルカを購入したのではプライドが許さない。

「だからバンドウイルカの追い込みはどう

してもやらなきゃいけないいし、バンドウイルカを見過ごしていては昔からクジラを捕ってきた鯨組の末裔としての沽券(こけん)にも関わる。そんな気迫を追い込みの人らは示してほしいというようなことになったんです」

一九七五（昭和五〇）年二月一三日、くじらの博物館の飼育主任松井進は、博物館次長向井肇(はじめ)とともに町議会経済常任委員協議会に立った。時の町長は前年の一九七四（昭和四九）年五月、肝臓ガンで急逝した庄司五郎の後を承(う)けた脊古芳男(せこよしお)である。

〈昭和五〇年二月一三日太地町議会・経済常任委員協議会会議録〉（抜粋）

出席者

| | |
|---|---|
| 委員長 | 筋師　常一 |
| 委員 | 漁野　一登 |
| | 向井　朝彦 |
| 町長 | 脊古　芳男 |
| 助役 | 村上　隆也 |
| くじらの博物館次長 | 向井　肇 |
| 同　鯨類飼育主任 | 松井　進 |
| 産業課長 | 小磯登　亀哉 |

事務局長　東　久

欠席者　委員　牟野　治

委員長　緊急に招集させて頂いたのは、くじら館のイルカについて業者（漁師）と折衝したいということで、それには町の意見をまとめてからということで、お寄り頂いたのです。町当局なり博物館なりからご希望をお話し願いたいのです。

町長　博物館の（昭和）五〇年度の予算を組む関係から、館の方から要望があって、従来は予算をとらないで（イルカを）買っておったのですが、予算をとっておく方がいいのではないか、バンドウイルカもほしいし、そういうことを含めて業者との交渉に皆さんのご意見を聞かせて頂いたらと思いますので、追い込みについてどういうふうにしたらいいかご協議頂いたらと思います。

飼育主任　昭和四五年五月に十二頭、同年九月に百六頭、串本に追い込んできたのを入れたのですが、現在六頭残っております。うち二頭は寿命が来ているので、対策せねばならない時期に来ておりますので、今年中に補充する必要があり、町長にお願いして業者と話し合いをする必要があるわけです。

向井委員　今まで（追い込み漁で）捕っているのはバンドウイルカではないのですか。

飼育主任　違うのです。今のところうちではカマイルカとハナゴンドウもショーを覚えていますが、バンドウイルカが一番覚え易いのです。今のが死んでしまったらショーを打ち切らねばならない状態になりますので、それを避けたいと思いまして。
向井委員　足元を見られて十万円もとられるのじゃないでしょうか。
（中略）
漁野委員　私は前から博物館を主体に考える。その中で鯨を追い込む予算というものを考える。俺らでなかったら追い込めんのやということではなしに、鯨がなかったら博物館も困るんだということをあの人たちにも知ってもらう。今の状態だったら言いなりになってしまう。我々としては他でも買えるような態勢を取っておく必要がある。そのためには予算を取っておかねば駄目であるということです。
向井委員　川奈でも捕れるのですか。
飼育主任　捕れるのですが、太地で捕れるのになぜ危険を冒して川奈から輸送してこなければならないのか。輸送中の保障というのは今のところないのです。
（中略）
飼育主任　バンドウは今の業者は今までに追い込んだ経験がないのです。バンドウとゴンドウといったらゴンドウになると思います。太地で入れるのであればある程度の技術的なもの（の補償）をしてやらないと、自分たちではしないと思うのです。
（中略）
町長　それで松井主任と話し合ったのですが、業者と話し合いをして、沖へ行ってもらって捕ってきた時の措置と、途中で逃がしたとかいう時の措置を町の方で決めておいてやったらと思うのです。こういうやり方でどうでしょう。
向井委員　そりゃむつかしい。
委員長　むつかしい。入ってなかっても逃がしたということに恐らくなる。水族館の職員が乗り組んで確かめないと。
向井委員　そうなるでしょう。
漁野委員　業者が一日沖へいったら、油代も大分となる筈です。
町長　多い船で一隻、二万位らしいです。
（中略）
向井委員　早急に町とくじら館とで原案を作ってもらって。
博物館次長　今、電話で本橋さんが今日午後二時でどうかということですが。
町長　業者の方々とですね。
（中略）

漁野委員　恐らくあの人たちの技術だったら追い込むでしょう。
向井委員　今は追い込み技術も進んでいますからね。
町長　そういうようにさせて頂いていいでしょうか。話し合いの結果、また委員会に報告させて頂きます。
委員長　はい。
（中略）
委員長　先ほどの件、午後二時から業者と話し合う。この案で折衝するということで。これで一応閉会し、あとは懇談頂きたいと思います。[29]

太地町の漁師が初めてバンドウイルカの追い込みに成功するのは、そのわずか五日後の二月一八日のことだった。太地町のバンドウイルカ捕獲頭数は、この年初めて一〇〇頭を超えた。[30]

§

バンドウイルカの追い込みが始まったこの年一九七五（昭和五〇）年は大漁によって締めくくられた。一二月一八日付読売新聞夕刊（全国版）は次のように伝えている。

「イルカ大漁」

【新宮】年の瀬にでっかいボーナス——南紀の和歌山県東牟婁郡太地町で十七日午後、マイルカ約五百頭が生け捕られ、十八日朝から水揚げされた。

このマイルカの大群は、十七日正午ごろから同町灯明崎南東約十キロの熊野灘を回遊していたが、地元漁協組の小型漁船六隻が取り囲み、午後四時ごろ、町営太地くじらの博物館わき入り江にそっくり追い込み、網で入り口を封鎖、生け捕った。体長一・七—二メートルで重さ五十—七十キロ、一頭平均一万円とみてしめて五百万円ナリの大漁。（中略）同町ではシーズンに入った今月九日からゴンドウクジラ、イルカの大漁が相つぎ、ここばかりは不況もどこ吹く風だ。


五〇〇頭ものイルカの追い込みを成功させたのは、わずか六隻の漁船だった。突き棒組合の追い込み技術は確実に向上していた。翌一九七六（昭和五一）年の一月、その技術の高さを頼って、支援を求める切羽詰まった連絡が入る。それは長崎県壱岐郡の勝本町漁協からだった。

# 第四章　価値観の衝突

イルカはスケープゴートにされていた。

——デクスター・L・ケイト

「わしらも好きこのんでイルカ退治をしているのではない」

——壱岐の漁民が漏らしたひとこと[1]

長崎県壱岐郡（現壱岐市）勝本町の漁民にとって、イルカは憎むべき害獣だった。何千頭というイルカが、勝本町の漁業に壊滅的な打撃を与え続けていたのだ。イルカをこのままのさばらせておけば、収入の道は完全に断たれて生活は立ち行かなくなる。イルカは何としても駆除しなければならなかった。

対馬と九州のちょうど中間点に位置する壱岐島は、東西一五キロ、南北に一七キロという小島だが、複雑に入り組んだ海岸線は一四〇キロにも及ぶ。壱岐島には勝本町、芦辺町、石田町、郷ノ浦町の四町があって、島の北西に位置する勝本町の勝本町漁協から島を右回りに箱崎漁協、壱岐東部漁協、石田町漁協、郷ノ浦町漁協と五つの漁協組織を持ち、一九七〇年代の半ばには二三九三隻の漁船が操業していた。[2] 勝本町では、一八六七（慶応三）年までの約二〇〇年間にわたって網捕り式の古式捕鯨が操業され、[3] また壱岐東部漁協と郷ノ浦町漁協では、戦後何回かイルカの追い込み漁が行われたが、一九六〇年代半ばまでに鯨類を対象とした漁業活動はすべて終わっていた。[4]

壱岐島の漁業の中心はブリとイカだった。ブリ漁のための最も豊かな漁場は、壱岐島と対馬の中間点付近に長さ五海里（約九・二キロ）、幅二海里（約三・七キロ）にわたって広がる「七里が曽根」と呼ばれる天然礁である。七里が曽根は一九一〇（明治四三）年頃発見された漁場で、[5]一九三〇（昭和五）年からは、数ヶ月間にわたって漁場にサンマなどの餌を投入してブリの大群を呼び寄せ、一本釣り漁で集約的にブリ漁を行う「飼い付け漁」が開始されて非常な好成績を上げた。戦時中は中止せざるを得なかった飼い付け漁だったが、戦後の一九五一（昭和二六）年八月に勝本町漁協の自主事業として再開。しかし三年連続で赤字となり一九五三（昭和二八）年をもって中止となった。[6]

壱岐の漁師たちはもっぱら一本釣りでブリ漁を行っていたが、一九五五（昭和三〇）年、山口県から新しい漁法が導入される。それは一本釣り漁の一種だったが、一〇〇メートルほどの幹糸に、先端にタコに似せた擬餌を取り付けた二・五〜三・五メートルの枝糸二〇本ほどを取り付けて、海中に投入してゆっくりと曳航しブリを擬餌に食いつかせて釣り上げるもので、当初擬餌としてアイスボンボン用のビニールが使用されたことから「ボンボン曳き漁」と呼ばれた。[7]

ボンボン曳き漁は、数年の間は要領がつかめずさほど漁果も上がらなかったが、研究努力の成果が上がって一九五九（昭和三四）年頃から成績が上がり始め、やがて春ブリの水揚げが飛躍的に増大。漁船数も急増する。一九六一（昭和三六）年、勝本町の漁船は三三五隻だったが、

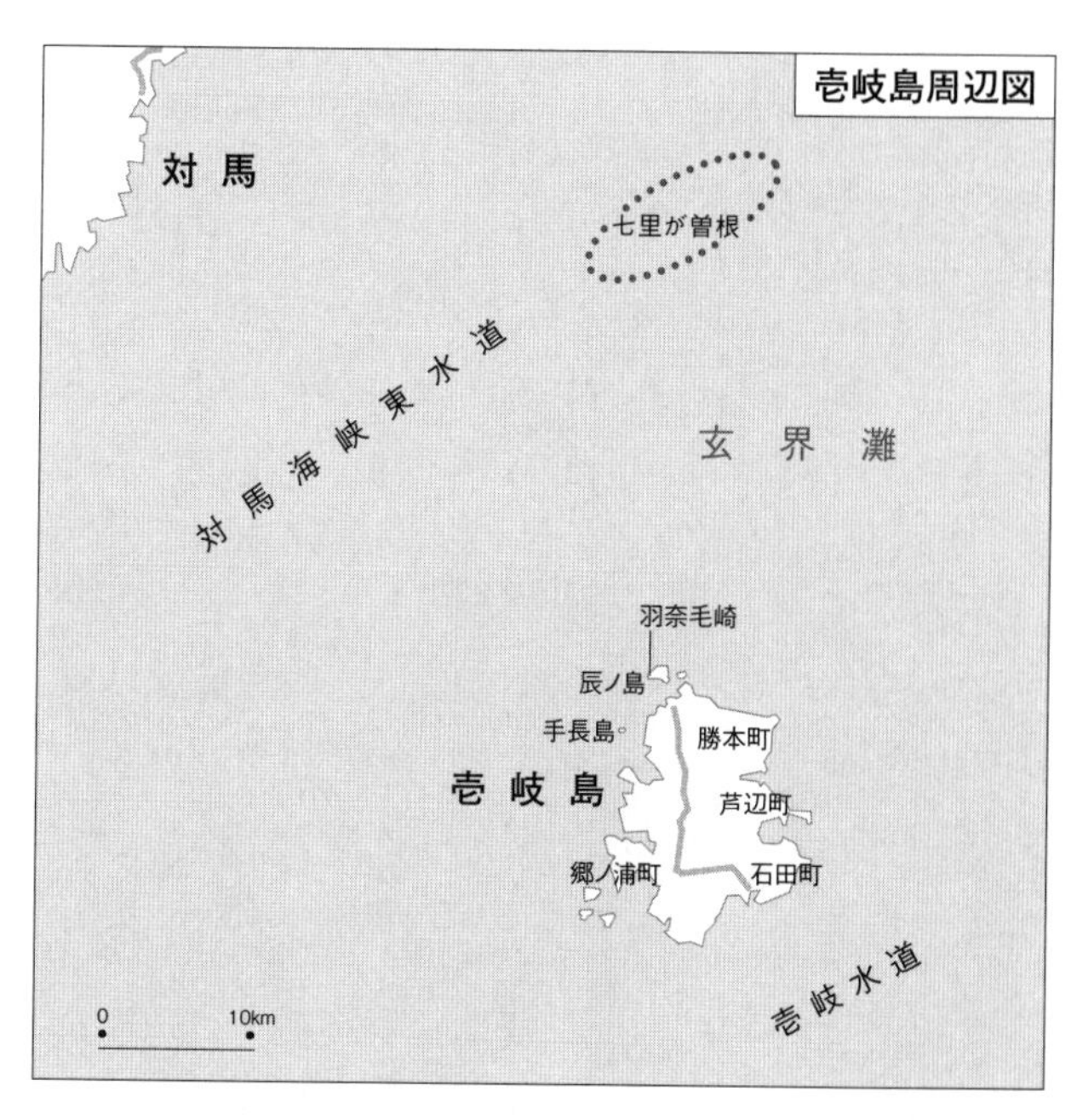


一九七〇（昭和四五）年には五五一隻、一九七五（昭和五〇）年には六二五隻、一九七九（昭和五四）年には七〇八隻にまで増えている。[8]

漁船は大型化され、発動機はディーゼルエンジンが主流となった。集魚灯もガスランプから発電機による高照度のライトになった。壱岐島の人々は、ますます効率的に、ますます多くのブリやイカを獲るようになって、イルカの害獣被害もまた、その歩みとともに顕在化していったのである。

## 豊漁と表裏一体のイルカ食害

壱岐島に回遊してくる小型鯨類

は、バンドウイルカ、スジイルカ、カマイルカ、コビレゴンドウ、オキゴンドウ、ハナゴンドウの六種だが、これら小型鯨類（以下イルカと総称）による漁業被害が目立ち始めたのは一九五五（昭和三〇）年前後のことで、一九五八年ごろから被害が深刻化していく。特に被害が大きかったのがボンボン曳き漁である。枝糸の擬餌にブリが何匹もかかり始め、きょうは大漁だと思った矢先に、かかったブリをイルカがブツリ、ブツリと枝糸ごと食い千切っていくのだから漁師の憤激は想像に難くないが、しかしボンボン曳き漁でイルカの害獣被害が出るのは当然のことだった。ボンボン引き網漁が行われている海中は、擬餌にかかって動きを奪われたブリが鈴なりとなって海中ゆっくりと曳航されている状態で、豊漁であればあるほど、イルカにとってこれ以上に結構な餌はないのである。

イカ漁にも被害が広がった。集魚灯を海中に投入するとまずイワシが集まるが、「イルカはイワシなど小魚には目もくれず、イカだけを追い回して食い荒らしてしまう」[9]（イカだけを食べるハナゴンドウだと思われる）。

勝本町の漁師たちはイルカの駆除に乗り出さざるを得なかった。一九五六（昭和三一）年、手始めに銛銃七丁を購入するが、ただの一回もイルカに命中させることができず失敗。一九五七（昭和三二）年、手銛で突こうということになって、漁協からは一頭捕獲につき三〇〇〇円の奨励金が付くことになった。奨励金はすぐに五〇〇〇円に増額され、ついには町からも出されることになって一頭一万円にまでなったが、その年には何頭か駆除できただけで、全く効果がなかった。

一九六五（昭和四〇）年一〇月、三人の漁師がイルカ追い込み漁の本場である静岡県伊東市の川奈・富戸に派遣される。この見学旅行でハツオンキの存在を知った勝本町漁協は、早速ハツオンキ一〇本を調達。七里が曽根で数百頭のイルカの群と遭遇した漁船三隻がハツオンキを叩いてみると、イルカは蜘蛛の子を散らしたように海域から逃走して見事撃退に成功する。気を良くした漁協はすぐさまハツオンキ四〇本を追加購入し、壱岐の全漁協から五〇隻の優秀船を選抜してイルカ追い込み船団を結成。川奈・富戸で見た沖合いからのイルカの追い込みを試みるが、失敗を繰り返す。

一九六七（昭和四二）年三月、富戸からベテラン漁師二人を招聘して追い込み漁を実施するも失敗。イルカ被害が日増しに深刻化するなか、一九六八（昭和四三）年六月、勝本町漁協は追い込みによるイルカの駆除を一時断念し、手段構わずイルカを捕獲するイルカ捕獲船団を新たに結成する。同年一〇月、イルカ駆除用に二二口径の散弾銃一五丁を購入するが焼け石に水であった。

一九七〇（昭和四五）年、国と県の補助を受けた勝本町漁協は、船首に捕鯨砲を積んだ小型捕鯨船（勝漁丸一九トン）を建造したが、一九七四（昭和四九）年三月に捕鯨砲が使用不能となり操業停止となるまでの四年間に駆除できたイルカはわずか二〇頭だった。

## イルカ駆除成功で巻き起こる国際的な批判

一九七六(昭和五一)年の年明け、万策尽きた勝本町漁協は和歌山県の太地町漁協に連絡をとった。太地町では前年一二月にイルカが大漁だったと伝えられている。彼らの力を借りれば壱岐でもイルカを追い込めるかもしれない。藁にもすがる思いだった。

三月、勝本町漁協の求めに応じて、漁期を終えた太地から突き棒組合の男たちがやってきた。誰もが四〇代から五〇代初めの男盛りで、南極海で捕鯨船に乗った経験を持つ屈強の男たちである。彼ら太地の漁師たちは、わずか七隻の漁船で一五マイル(約二四キロ)という沖合いからゴンドウやイルカの群を日常的に追い込んでいた。スジ(イルカ)なら、さらに沖合いに出ても追い込めるが、ゴンドウは深く長く潜って船団の沖側に浮いてくることがあり、そうなると追い込みのやり直しになって時間がかかる、一五マイルより沖に出ると日没までに追い込めない恐れがあるのでそう決めたのだ、という。

壱岐からブリの漁場である七里が曽根までは一二海里(約二二キロ)である。彼らの技術があれば、イルカたちが荒らし回っているブリの漁場から壱岐の浜辺まで憎きイルカを一息で追い込めるのではないか。二〇年にもわたって苦しめられてきたイルカ被害がこれでなくなるかもしれない。勝本町の漁民たちに一筋の希望の光が差した。

早速太地の男たちを乗せてイルカの追い込みに出発した勝本町漁協イルカ追い込み船団は、幸先良く壱岐島の西方、赤瀬沖にイルカの群を発見。最終的な追い込み地点と決めた（壱岐島の北約一・二キロに浮かぶ無人島である）辰ノ島の浜辺へと追い込みを開始した。船団はイルカの群を北上させることはできたが、島に近づいたところで進路を入江へと東に曲げることができず、イルカの群はそのまま北上を続けて辰ノ島西の羽奈毛崎横を通過して逃げてしまった。群の進路を変えるときはイルカの動きを読んで船団の一部が群の先に出なければならないが、追うことばかりに気を取られての失敗だった。

太地の漁師たちが去ってから一月ほど経った四月一二日、ついにその日がやってきた。壱岐島の西側の沖でイルカの群を発見した漁船数隻が、イルカを追い払おうとハツオンキを使うと、群は最初から壱岐と辰ノ島の中間地点である大瀬戸へと北東方向に逃げていったのだ。無線連絡を受けた勝本町漁協の漁船全隻は直ちに操業を中止して辰ノ島周辺海域に急行。南東に口を開く辰ノ島の入江にハナゴンドウの群を追い込むことに成功したのである。このときは網の準備が遅れて捕獲頭数は一三頭にとどまったが、一〇日後の二二日、手長島沖二マイル（約三・二キロ）地点にイルカの群を発見。追跡を開始した船団は見事ハナゴンドウ四三頭の追い込みに成功したのだった。

ブリ漁・イカ漁の盛漁期が終わる間際の成功だったので、この年一九七六年の追い込みはこの二回限りだったが、翌一九七七（昭和五二）年、勝本町漁協単独の追い込みで二月二七日にバンドウイルカ一七二頭、三月一四日にはバンドウイルカ五六六頭、オキゴンドウ一一頭の追い込みに成功するなど、追い込み頭数は急上昇していく。捕獲されたイルカのうち食用に供されたり水族館に生体販売されたりしたイルカはわずかで、ほとんどのイルカはいたずらに廃棄されたが、その事実を気にする者は誰もいなかった。[10]

四月には壱岐島の全漁協を横断する壱岐郡イルカ対策協議会が結成されて、翌一九七八（昭和五三）年二月にはイルカ追い込み作業専用の高速船「はやぶさ一号」「同二号」が進水。イルカの発見から追い込み開始までの手順や追い込み時の船団隊形なども綿密に計画された。参加する漁船数は五〇以上（イルカの群を発見すると三〇〇隻以上の漁船が追い込みに加わる）。この年一九七八年のイルカ対策はまず万全だった。

二月二二日、この年最初の追い込みで勝本町漁協を中心とする壱岐郡のイルカ追い込み船団はいきなりバンドウイルカ七五九頭、オキゴンドウ二五一頭、計一〇一〇頭という大規模な追い込みに成功。漁民たちは歓喜にわいた。これからはイルカの群はいくらでも追い込める。長年壱岐島の漁民を苦しめてきたイルカ問題は解決したかのように思われた。

ところが思いもよらぬ方向から問題が持ち上がる。二月二二日の追い込みでは、腐敗防止のために浜に上げられたイルカの放血処理が行われたが、辰ノ島の入江が鮮血で真っ赤に染まった様子がテレビおよび新聞で報道され、その凄惨極まる写真が海外にまで配信されたために世界中から抗議の声が上がって、日本の在外公館に抗議のファックスが殺到したのである。

二月二七日、殺到する抗議に対し水産庁は「漁場を荒らすのでやむを得ず捕獲した。イルカの資源自体は悪化していない。アメリカでも年間五万頭ものイルカを捕獲している」との見解をまとめてアピールしたが、[11]いかにもとってつけたような反論だった。

長崎県水産部は三月一三日、県としてもイルカの駆除を進めるとの方針を表明。[12]同月一六日、米人気女性歌手オリビア・ニュートン＝ジョンは、壱岐のイルカ殺しに抗議してその秋に予定されていた日本公演をキャンセルした。[13]

あまりの反対運動に驚いた政府は、一九七八（昭和五三）年度の特別研究促進調整費三七〇〇万円を科学技術庁に投じて、音響によってイルカを駆逐する方法の研究開発を開始すると発表するが、[14]しかしそれでも壱岐での害獣イルカの駆除は四月二三日まで続けられ、五月には訪米中の福田赳夫（たけお）首相が滞在するホテルにもイルカの捕殺に反対するデモ隊が押しかけた。[15]この年一九七八年、イルカ一三九八頭が捕獲されて、水族館に売却されたイルカ六頭を除く全頭が殺され、うち九五一頭が有効利用されることなく廃棄された。[16]

## ハワイからやってきた活動家

その年一九七八年の八月、壱岐島を訪れて勝本町漁協の組合長香椎二一郎と面談した一人のアメリカ人がいる。ハワイ生まれで三五歳になったばかりのデクスター・ロンドン・ケイトである。ケイトによると香椎組合長は「おだやかで、ていねいな人で、イルカの殺りくが海外でひきおこした憤激を理解しようと純粋に努力して」おり、「漁師の立場を私に説明するためにあらゆる努力を払った」[17]という。彼と漁協の関係は友好的に始まり、敵対的な雰囲気は微塵もなかった。

同年一二月、グリーンピース財団の資金援助を受けたケイトは壱岐を再訪。このたびは音楽によって動物との意志疎通を図る異種間コミュニケーションの専門家ジム・ノイマンを伴っていた。モーリタニアの漁師たちはイルカと協力して漁業をしているという。その模様を収めたジャック＝イヴ・クストーのフィルムを持参して勝本町漁協の関係者に見せた後に、ケイトは楽器を携えたノイマンを伴って漁場に出たが、肝心のイルカが見つからず失敗。翌一九七九（昭和五四）年三月、ケイトは餌やホイッスルなどを使わず、イルカと直接交信することであらゆるイルカ・トレーニングができるというニュージーランド人フランク・ロブスンを伴って来島。彼はロブスンにイルカをブリの漁場の周辺海域にとどまるようにトレーニングを施させて、漁業被害を食い止めるばかりかイルカたちを「生きている網」として使って壱岐の漁業に協力しようとまで考えていたが、ときすでに遅く、二月から三月上旬にかけてすでに一〇〇〇頭以上のイルカが殺されてしまっていた（この年のイルカ総捕獲数は一六四六頭）。

一九八〇（昭和五五）年二月二四日、ケイトは結果として最後となる壱岐島の訪問を行った。彼は壱岐の漁師のイルカ被害を経済的に補塡するイルカ損害保険案、傷んだブリ資源を回復させるための人工礁などの建設計画、漁船数の適正水準への削減など建設的なプランを携えてきており、漁民を巻き込んで彼の計画実施を日本政府に要請しようと目論んでいた。だが、彼はまたしても遅すぎた。彼の来島から三日後の二月二七日、バンドウイルカ一三一五頭、オキゴンドウ一〇〇頭、計一四一五頭という大量のイルカが辰ノ島の入江に追い込まれてしまったのである。[18]

ケイトが妻スーザンおよびカメラマン一人とともに辰ノ島に渡ってみると、そこでは六〇人ほどの漁師たちがせっせとイルカの殺処分に取り組んでいた。浜辺には、苦悶のなか静かに死を待っているイルカたち数百頭が並べられていた。ウェットスーツを着た漁師たちは血で染まった浅瀬に胸まで入ってイルカを次々に捕えては尾びれにロープをかけ、そのロープを浜辺の漁師たち二〇人ほどが引いて、一頭また一頭とイルカを浜に引き上げる。暴れるイルカは銛で刺されて浜に引き上げられるまでに深手を負い、刺されたイルカの傷から流れる鮮血が砂浜を黒く染めていた。

傍らには今年から導入された一機三六〇〇万円というイルカ粉砕機が稼働していた。殺したイルカの処分方法に頭を悩ませていた壱岐の漁師たちにとっては画期的な新兵器で、この粉砕機を使えば海面を赤く染めることなく一時間に一〇頭の割合でイルカをミンチ状にすりつぶすことができる。[19] ミンチにされたイルカは無償で油脂会社に提供されることになっていた（この年一九八〇年に捕獲されたイルカのうち、一七九五頭分のミンチが油脂会社に無償提供され、無駄に廃棄されたイルカはゼロとなった）。

しかしイルカ一頭につき一万円の保証金がつくこと、そして粉砕機の導入によってイルカ肉が有効活用されるようになったことから、害獣駆除として始められたイルカ捕獲が、ケイトには金銭目的のビジネスに変容しているように映った。彼によれば、そもそもこの海域のイルカによる漁業被害は、漁師の側に原因があった。後になって彼は書いている。

問題が、イルカが多すぎることではなく、漁師が多すぎることにあることはあまりにも明白だった。漁場は文字通り漁船ですし詰めになっており、漁師たちの操業の余地はほとんどなかった。われわれは、日本のまわりの他の漁場では魚がとりつくされたので、ますます多くの漁師がこの漁場に集まってきたことを知った。過去三年間だけで、この小さな海域で操業する漁船の数は、二〇〇隻以上もふえた。これは明らかに乱獲の事例であり、イルカは贖罪の山羊（スケープゴート）にされていた。

イルカは日本海へと北上する途中で毎年この水域を通って移動している。彼らはこの海域にわずか二〜三ヵ月いるだけである。壱岐の漁師たちが自分たちのものだと主張している漁場は、疑いもなく何千年、あるいは何百万年ものあいだイルカのエサとり場だったのである。イルカがここでは明らかに魚の資源に優先権をもっていたにもかかわらず、イルカと漁師の対立についての解決策は、漁師が同意できるものでなければならなかった。[20]

粉砕機はイルカ肉を商業利用するためのものではなく、イルカの死体の処分問題を解決するために導入されたものである。イルカ捕獲一頭につき一万円の補助金が付くのも、全く収入にならない害獣駆除という仕事に長時間従事しなければならない多数の漁師に対する漁協や町、県の配慮だった。しかしケイトはそうは考えなかった。彼は二〇年以上に及ぶ漁師たちのイルカとの長い戦いの歴史を知らず、ミンチにされたイルカ肉が商品として換金されていると考えた。

二年前に漁師たちの絶望的な行動として始まったものが、今では利潤をうむ産業になっていた。巨大な肉ひき機械が恐ろしい仕事をしているのを見て、私は代替法をみつけるための努力がすべて水泡に帰したことをさとった。[21]

彼は壱岐の漁師たちと平和的、友好的な関係のなかで、この問題を解決することを指向していた。しかし彼はこの日、捕らえられたイルカを実力で解放することを決意する。

翌二八日、ゴムボートなど必要な機材を買い集めたケイトは、二月二九日午後一〇時頃、一人ゴムボートを漕いで一・二キロ先の辰ノ島に渡り、潜水してナイフでナイロン製の網を切り裂きボルトを外して三本のロープを解き、イルカを入江に封じていた網を大きく開け放った。春一番の強風で勝本港に帰れなくなった彼は辰ノ島でそのまま一晩を過ごしたが、翌朝漁師たちがやってきたとき、殺されるのを待っていた四五〇頭のイルカのうち半数以上にあたる約二五〇頭のイルカが自由の身になって姿を消していた。[22]

勝本町に連れ帰られたケイトは、憤激する漁師十数人が詰めかけるなかで逮捕されて壱岐署に連行され、器物破損および威力業務妨害の疑いで長崎地検に書類送検された。当初地検は略式起訴および罰金で事を穏便に収めようとしたが、ケイトがあくまでも無実を主張して裁判を要求したため、三月八日、ケイトは身柄を長崎地検佐世保支部に移されて、取り調べを受けた。

## イルカ漁論争の原点

デクスター・L・ケイトの初公判は、四月九日午前一〇時から長崎地裁佐世保支部で開かれた。ケイト側は事実関係については認めたが、法律論的側面とモラル的側面から無罪を主張。法律論から無罪を訴えたのはボランティアで弁護を買って出た有岡学弁護士である。そもそも壱岐で行われているイルカの捕殺は「漁業法に反する無免許操業」であって、さらに捕殺が壱岐対馬国定公園内で行われていることから「自然公園法にも違反」している、つまり操業そのものが違法であり正当な業務ではないので「ケイトの行為は威力業務妨害罪には該当しない[23]」と有岡弁護士は主張した。

ケイト自身の発言はイルカを殺すことの道徳的・倫理的問題を指摘したものだったが、彼の発言は失笑をもって受け止められた。「人間以外の生きものが、言語をもち、われわれのものと同じように洗練された思考をもち、同様の感情をもっているという考えは、全く受け入れられなかった[24]」とケイトは書いている。

検察側はイルカ捕殺の是非には全く触れずに、ケイトが「イルカを逃がした行為（威力業務妨害罪に該当）だけを問題」とし、「自然公園法一八条二項には『漁業を行うために必要とされるもの、県知事の許可を受けているものは除外』とあるので違反行為ではない[25]」ので、威力業務妨害罪にあたるとした。

ケイトにとっては完全にアウェイの裁判だったが、海外からケイトを支援する弁護側証人が次々に法廷に立った。彼の出身地であるハワイからは農夫であり漁師でもあるハリー・ミッチェルが法廷に立って海やイルカに対するハワイ人の叡智について語った。オーストラリアからは新進気鋭の哲学者ピーター・シンガー（一九四六―）が駆けつけた。シンガーは一九七五年、後に動物権利運動のバイブルと呼ばれることになる『動物の解放』を出版した先鋭的な動物権利論者で、『動物の解放』のなかで彼は工業的畜産と動物実験を痛烈に批判して次のように書いている。

ピーター・シンガー『動物の解放（改訂版）』

苦痛と苦しみは悪いことであり、苦しむ当事者の人種や性別や生物種を問わず、避けるか、できるだけ小さくすべきものである。[26]（中略）私たちがしなければならないことはヒト以外の動物を私たちの道徳的関心のとどく範囲に持ってくることであり、彼らの生命を私たちの取るに足りない目的のために消費してもよいものとして扱うのをやめることである。[27]

しかし三五歳のシンガー教授は、法廷では奇怪な思想を主張する変人として受け止められた。

検事　教授はイルカは有害でないという。では教授のいう有害の意味は？

教授　人を殺したり傷つけたりするもの、たとえばマラリア菌を運ぶ蚊は有害だ。

検事　ライオンやトラは？

教授　人を傷つける場合に有害といえる。

検事　では、ある動物が人間の食料を食べてしまう場合はどうか。

教授　その動物の存在で人間が飢餓状態に追い込まれる時に限って有害といえる。

検事　イルカを捕殺しているのは日本だけか？　アメリカでは網にイルカがかかり死ぬことを知っているか？

教授　知っている。しかしイルカを殺さないようアメリカでは適法の研究が続けられている。

検事　現実にマグロ漁をすればイルカが網にかかり死ぬことをアメリカ漁民は知っている。あなたの論法でいえばマグロ漁をやめなければならないが……。

教授　アメリカではイルカが死んでいるが、漁民が殺してはいない。

検事　イルカは野生動物で高等動物だから人間が殺す権利はないと主張されるが、高等動物でなければ殺してもいいのか。
教授　場合による。人に危害を加えた場合だ。
検事　人間と生存競争するものであれば、人間はその動物を殺してもいいのか。
教授　常にいいとはいえない。もし殺す時は苦痛を与えないよう即死させるべきだ。
検事　というと即死させれば殺しても構わないことにつながるが……。イルカに苦痛を与えない殺し方を教えて欲しい。
教授　私は知らない。
裁判官　野生動物は殺しては駄目、家畜なら殺してもいいといわれる理由を聞かせて欲しい。
教授　家畜は人間が飼い人間によって生を受けているもので、人間に所有権があるからだ。
裁判官　イルカと人間が魚を交互に分かちあって共存することは可能か？
教授　壱岐の人たちは五年ぐらい前まで共存していた。
裁判官　問題は最近のことだ。イルカが漁場に現われ漁獲が減っているといわれているが……。
教授　それは人間が自然に対してなした行動が原因だ。過剰な漁と海洋汚染だ。

裁判官　教授はイルカは人間なら二歳以上の知能を持っているといわれるが、人間の場合二歳といえば他人の嫌がることをしないなど分をわきまえるが、イルカはできない。人間とイルカは本質的に違うのではないか？

教授　……。

裁判官　イルカを高等動物とあなたはいうが、イルカは毎年同じように漁場に現われ、千頭単位で捕獲されている。またイルカ同士会話ができるというが、それではなぜイルカ同士話しあって捕まらないようにできないのか。

教授　私はなぜイルカが毎年漁場に帰ってくるのか知らない。他の漁場が汚染され、やむなく戻ってくるのかも知れない[28]。

当時朝日新聞の編集委員だった本多勝一（一九三二―）は、佐世保の旅館に滞在しているケイトの妻スーザン、弟ブルース、そしてケイトを支援するテレビプロデューサー、キース・クルーガーを訪ねている。そのときの議論を踏まえて、五月二日付朝日新聞夕刊に彼の検証記事が掲載されるが、本多の問題意識は「なぜアメリカ人はイルカだけを特別視するのか」というものだった。彼らとのディスカッションの様子を紙上で再現してみせた本多は、記事の終わりに次のように結論づけている。

インド人は決して北海道の牧場を襲ってウシを解放などしないのである。（中略）ケイト被告をはじめ実に善意にあふれたこの運動家たちも、みずからの「ものの考え方」の中に、アメリカ的覇権主義（政治的・軍事的・宗教的・文化的）がしみこんでしまっていることには、なかなか気づかない。（中略）

三つの点でかれらに説得力の弱さが目立った。第一はイルカの「知能」が他の全動物に比して特別に高いと見る点だ。こういう問題に私たちはきわめて慎重でなければならない。動物の知能の判定は、あくまで人間のモノサシによるものである。（中略）

第二に、あくまで「仮に」だが、それではイルカが最も利口だとして、ならばイルカ以下のランキングの動物たちはなぜ救済されないのか。脳ミソの優劣を比較しているかれらを見ていると、かつてナチ・ドイツが「ドイツ民族の優秀性」を形質人類学的に論じていた風景が思い出されて仕方がなかった。そして第三が、前述のアメリカ式覇権主義である。[29]

ケイトらの行動の背景にアメリカ的覇権主義があるとするなら、この反論の底流にあるのは、グローバリズムとは対極にあるローカリズムであり狭量な島国根性である。さらに両者の対立には、決定的な事実誤認があった。二年以上にわたって勝本町漁協に協力を申し出、イルカを漁場から駆逐しようと試みたケイトがイルカを逃がしたのは、イルカの捕獲が営利目的に変容したと誤解したからだった。彼の誤解に漁協や警察、メディアが気付いたならば、壱岐島のイルカ騒動は恐らく違った結末を迎えていただろう。

外国人運動家の主張に対してアメリカ的覇権主義や人種差別的感情が根底にあると決めつけ、イルカの殺処分について動物福祉的・道徳的な問題の存在を一切認めようとしない日本側。事実関係をないがしろにしてすれ違う双方の主張。今日まで三〇年以上にわたって継続する長い不毛な論争のすべてがここにある。

## 活動家、その短い生涯

一九八〇（昭和五五）年五月三〇日、デクスター・L・ケイトには懲役六ヶ月執行猶予三年の有罪判決が下された。判決ではイルカの殺害を巡る道徳的・哲学的問題は一切無視された。ケイトは一時控訴の構えを見せたが、控訴手続きは数年にもわたることがあり、（彼のビザはすでに失効しているために）その間保釈が認められないとあって控訴を断念。ケイトは六月五日、合衆国ハワイ州に強制送還された。

大きく報道されることはなくなったが、壱岐郡勝本町ではその後もイルカの駆除が続けられ、一九八三（昭和五八）年には一八八〇頭、一九八四（昭和五九）年には二八三八頭ものイルカが捕獲されている。[30] イルカの駆除は一九九五年まで断続的に続いたが、大量に捕獲されたのはこの年一九八四年が最後だった。ブリの漁場である七里が曽根にイルカの姿を見ることが少なくなったのである。はっきりした理由は解明されていないが、ブリの漁獲量も減っていることから、ブリ資源が減ってイルカにとっても良い餌場ではなくなったのか、あるいは一九七六(昭和五一)年からの累計で一万頭以上のイルカが駆除されたことで、付近に生息するイルカが激減したのかもしれない。壱岐市役所水産課によると、現在もイルカを見ることはあるが、追い払う程度のことで済ませており、深刻な被害に至ることはないという。

デクスター・L・ケイトはハワイに戻ってからも自然保護運動を続けていたが、一九九〇年八月二一日、ハワイ島ケアウホウ湾でダイビング中に不慮の死を遂げた。その日ケイトは島東部の火山地帯プナの雨林内に建設が予定されている地熱発電所計画に反対してサーフィンやカヤックによる洋上デモを指揮し、その直後にカヤックからダイビングを行ったが、その際に何らかの理由で溺死したのである。彼の溺死体は水深八〇フィート(約二四メートル)の海底から引き上げられたが、当局によると単なる事故で事件性はないという。四七年の生涯だった。[31]

# 第五章　スター誕生

バンドウイルカはいたずら者だ。
餌を探していないときには、彼らは楽しくおどけて見せる。
天来の道化師で、自分たちの楽しみのために芸をする。[1]

――マイアミ海洋水族館初代蒐集展示部長　ウィリアム・B・グレイ

小さな良心が私の心に忍び込んでいた。
私たちはもう十分イルカたちを利用し、
彼らに借りを作ってしまったと感じていた。

――リック・オバリー

アメリカ合衆国で初めて鯨類の飼育が試みられたのは恐らく一八六〇年、ニューヨークでのことだった。[2] 後にサーカス王としてその名をとどろかすことになるフィニアス・テイラー・バーナム（一八一〇―九一）が、自身が経営している遊園博物館「バーナムズ・アメリカンミュージアム」の展示に二頭のベルーガ（シロイルカ）を加えたのがその始まりである。フローレンス湾で捕獲された二頭のベルーガが七〇〇マイル離れたニューヨークのミュージアムまで蒸気機関車で運ばれたのだが、この二頭は真水のプールに入れられたために数日で死んでしまった。その翌年の一八六一年、またもフローレンス湾で捕獲された二頭のベルーガがニューヨークに輸送され、今度は海水を満たした七メートル四方のプールに入れられたが、この二頭も短命に終わった。しかしバーナムは諦めなかった。次に捕獲された二頭

サーカス王フィニアス・テイラー・バーナム

のベルーガは、同じプールに入れられたバンドウイルカともども二年ほど生き延びて人の手から餌の死魚を食べ、体に取り付けられたハーネスでものを引っ張ってみせたという。[3]

バーナムズ・アメリカンミュージアムは異形・奇形の見世物小屋であり、サーカスの原型だった。[4]アルビノ（色素欠乏症）、巨人、こびと、ファット・ボーイ、髭の生えた女性、ジャグラー、マジシャンなどが日々ステージに上がり、拡大を続けるミュージアムには動物園や蠟人形館までもが設けられた。アメリカ合衆国初となる鯨類の飼育は、大衆の好奇心を満たすための異形動物の展示として始まったのである。

バーナムがベルーガの飼育に血眼になっていた一八六一年に南北戦争が勃発すると、彼はいち早く北軍支持を表明して、南北統一を推進する講演や展示、ドラマ上演などを行ってミュージアムは大いに賑わったが、一八六五年七月一三日、バーナムズ・アメリカンミュージアムは南軍支持者の放火と思われる不審火により焼失。飼育展示されていた動物のうち、生き残ったのはわずかにアザラシ、熊、鳥が数羽に何頭かの猿だけだった。不屈のバーナムは市内にミュージアムを再度建築するが、一八六八年、またも不審火により焼失。被害は甚大でバーナムといえども再起不能となってミュージアムビジネスから撤退し、彼は大衆の前から姿を消した。

一八七一年、P・T・バーナムが再び大衆の前に姿を現したとき、彼はミュージアムオーナーではなく、サーカス興行師となっていた。ウィスコンシン州デラヴァンで、ウィリアム・キャメロン・クープとの共同事業として「P・T・バーナムズ・グランド・トラヴェリング・ミュージアム・マネゲリー・キャラヴァン&ヒッポドローム」を設立したのである。バーナムズ・アメリカンミュージアムはサーカス的要素を持った娯楽博物館だったが、彼のサーカスは、動物園でもあり奇形の博物館でもある巡業サーカスで、複数のテントを建てて興行した初のサーカスでもあった。設立当初このサーカスは三つのテントを持ち、収容人数は三テント合計で一万人という規模だった。

一八八一年、バーナムのサーカスは似たような興行をしていたジェイムズ・ベイリーの一座と合併。一度袂（たもと）を分かった後に再統合した一八八八年以降は「バーナム&ベイリー・グレイテスト・ショー・オン・アース」として興行を拡大していく。

一八九一年、バーナムは八〇歳と九ヶ月でこの世を去るが、彼が残した巡業サーカスはその後も成長を続け、一九一九年、大手サーカスの一つであるリングリング・サーカスと合併。一九二九年、最後まで競合していたアメリカン・サーカス・コーポレーションを買収することでその勢力は絶頂に達し、「リングリングブラザース・アンド・バーナム&ベイリー・グレイテスト・ショー・オン・アース」は、全米屈指のサーカスとして今も興行を続けている（以下リングリング・サーカスと略称）。

一九三八年、リングリング・サーカスの動物園で一頭のスターが誕生する。それは赤ん坊のときにアフリカで捕獲され、輸送途中に意地の悪い水夫から酸をかけられて醜く焼けただれた顔となった一頭のゴリラだった。フランソワ・ラブレーの小説にちなんで「ガルガンチュア」と名付けられたこのゴリラは、近づく人間すべてに敵意を持っていた。憎悪に顔を歪めてオリの中で凶暴に暴れるガルガンチュアを、人々は恐ろしげにも好奇むき出しの視線で食い入るように眺めた。[5]

## イルカ・スタントショー発祥の地

リングリング・サーカスが総延長一〇七メートルにも達する派手な専用貨車で各地を巡業し、怒り狂うガルガンチュアがアメリカ中の人々に披露されていた頃、フロリダ州セントオーガスティン近くの海岸沿いに、これまでに類を見ない施設が誕生した。それは「マリン・スタジオ」と命名された施設で、施設の中心となるのは、そこかしこに五〇センチ四方ほどののぞき窓が取り付けられた巨大なコンクリート製プールである。

マリン・スタジオは純粋な娯楽施設ではなく、テレビや映画の水中シーンを撮影するための水中撮影スタジオとして着想された施設だった。発案したのは大富豪でハリウッド映画のプロデューサーでもあるコーネリアス・バンダービルト・〝サニー〟・ウィットニー（一八九九－一九九二）、彼のいとこでアメリカ自然史博物館の学芸員を務め、同じく資産家のダグラス・バーデン（一八九八―一九七八）、そしてロシアの大作家レオ・トルストイの孫で水中カメラマンのイリア・トルストイ（一九〇三―七〇）の三人で、いずれも何らかの形で博物館および映画業界と関係があった。アメリカ自然史博物館の管財人でもあったサニー・ウィットニーは博物館の来場者が単に陳列物を見学するだけではなく、自然の神秘を「映画を見るような経験」によって体感させたいと考えていた。水中撮影が未だ黎明期にあった当時、海中世界は大衆には手の届かない未踏の神秘世界として残されていた。彼ら三人は神秘の海中世界をそのまま再現し、映画の水中撮影にも使用できる水中スタジオ、すなわちマリン・スタジオを造ろうとしたのである。[6]

当初計画では、マリン・スタジオの第一義的な目的は、映画およびテレビの海中シーンのための「撮影スタジオ」であり、コンクリートプールのあちこちに開けられたのぞき窓も、撮影時にどのようなカメラアングルもとれるようにと設けられたものだった。一般大衆の娯楽施設としての機能はあくまでも二次的なものだったが、一九三八年六月二三日にマリン・スタジオがオープンすると、魅惑の海中世界を一目見ようと三万人近い人々が押し寄せ、道路はたちまち大渋滞となって付近は大混乱に陥った。海中世界への大衆の興味はマリン・スタジオ設立者の予想を超えて強かったのである。

マリン・スタジオのオープンからほどなくして、この施設の人気がさらに高まる出来事が起きた。数頭のバンドウイルカが搬入されて、コンクリートプールで飼育され始めたのである。イルカが泳ぐ姿はのぞき窓から間近に見ることもできたが、観客は水上からイルカたちを眺めるのが好きだった。環境に慣れた彼らは飼育員が投げ与える死魚を少しでも早く口にしようとジャンプして受け止めるようになり、人々は愛くるしいイルカたちの機敏な仕草にすっかり魅了されてしまったのである。[7]

ここでセシル・M・ウォーカーという人物が登場する。彼はプールのフィルターポンプのメンテナンスを担当する夜勤専門の従業員だった。マリン・スタジオのオープンから一年ほど経ったある夜のことである。ウォーカーがプールの傍らを通りかかると、一頭のバンドウイルカが、水面に浮かんでいるペリカンの羽を額で押しながら彼に近づいてきた。ウォーカーはイルカが差し出した（ように見える）その羽を取り上げて、何気なくプールに投げ戻した。するとそのイルカは再びペリカンの羽を彼の元に押し戻してきたのだった。ウォーカーは夜間勤務の合間にイルカと戯れるのが日課となって、ボールや自転車のチューブなど、さまざまな物体を使ってイルカとのゲームを続けた。するとゲームに参加するイルカも増えて、やがて彼とイルカのゲームは今日行われているスタント・トレーニングに近いものになっていった。ある日ウォーカーは、思い切って彼とイルカのゲームを上司に見せる。すると彼は即座にマリン・スタジオの総監督へと大抜擢されて、イルカのスタントショーはこのようにして始まったのだという。[8]

セシル・M・ウォーカーの逸話が真実だったとしても、マリン・スタジオのイルカ・トレーニングはその後停滞して行き詰まり、一九五〇年、マリン・スタジオは、醜く凶暴なゴリラ、ガルガンチュアを見世物にしていたリングリング・サーカスにイルカ調教師の斡旋(あっせん)を依頼。サーカスの人事部長パット・ワルドが白羽の矢を立てたのは、一九四〇年代からサーカスに加わっていたドイツ人、アドルフ・フローン（一九〇四―八五）だった。[9]

動物の調教にかけては、アドルフ・フローンは血統書付きの血筋である。彼はドイツの著名なサーカスオーナーの四代目で、ヨーロッパで唯一のアシカのトレーナーとして名声を博していた父親は、ハンブルクに私設の動物園を持っていた。

フローンは一四歳のときに父親の元で働き始め、アシカをはじめとするさまざまな動物のトレーニング方法を学んだ。一九二七年、彼は著名な道化師アナトゥール・デュロウと三年契約を結んでアシカを連れてロシアに赴き、アライグマ、アシカ、鳩、ウサギなどあらゆる動物の調教を手がけた。

ロシア巡業中に出会ったアクロバットの娘と恋に落ちて結婚したフローンは、ロシアでの契約が終わるとアシカとともにヨーロッパ中を巡業してイギリスに腰を落ち着かせる。しかし程なくして大戦が勃発。灯火管制のためにサーカスが閉鎖されて仕事先を失ったフローンは一九三九年一〇月、妻とその両親とともに渡米する。翌年一〇月まで開催されたニューヨーク万国博覧会ではアシカをステージに上げ、その後もニューヨークを中心に興行を続けていたが、しばらくするとアシカが死んでフローンには調教すべき動物がなくなり、妻と両親がアクロバットとして入団したリングリング・サーカスに帯同して、一九五〇年には不本意ながらも道化師やオズの魔法使いを追いかける醜い魔女役などでステージに上がっていた。

話を聞いたアドルフ・フローンは、私はイルカの調教は手がけたことがないし、何も知らないと答えたが、マリン・スタジオ側の答えは「誰も知らないのだから問題ない」というものだった。

マリン・スタジオでは、一九五〇年までに直径二二・五メートル、水深三・六メートルのイルカプールが作られ、常時一〇頭前後のバンドウイルカが飼育されるようになっていたが、フローンを迎えるにあたって、調教用に直径八メートル、水深一・五メートルの専用プールが用意された。水深があまりにも浅かったので、夏になるとイルカの背中は強い日差しに負けて赤くなったが、誰も気にする者はいなかった。[10]

フローンは手探りでイルカの調教を始めたが、すぐに彼は、これまでに調教した二五種類の動物のなかでもイルカは飛び抜けて聡明で、最も訓練しやすい動物であることに気付いた。また調教は愛と魚によって行う必要があり、調教中のイルカは決して満腹にさせてはならなかった。餌への興味を失うと、イルカは途端にいうことを聞かなくなるのである。

　イルカにジャンプして輪くぐりさせるためにフローンは半年を費やしたが、一つ芸を覚えると後は早かった。彼の調教によってイルカたちは空中に掲げられた輪を一斉にジャンプしてくぐったり、トレーナーがステージの上高く掲げた餌の死魚目がけてジャンプしたり、人を乗せたサーフボードを引っ張ってみせたりといったさまざまな芸をするようになったが、なかでも飛び抜けて優秀な一頭のバンドウイルカがいた。このイルカはサニー・ウィットニーによって「フリッピー」と命名されて、「世界で最も高度に調教されたイルカ」として喧伝された。

　フリッピーは、観客はもとよりイルカの生態を観察しようとマリン・スタジオを訪れた動物学者までをも魅了した。このイルカに夢中になった動物学者の一人に、動物園生物学の父と呼ばれたヘンニ・ヘディガー（一九〇八―九二）がいる。彼はフリッピーについて「半メートルも離れていないところで斜め横から快活なひとみで私たちが見つめられたとき、イルカは果たして単なる動物に過ぎないのだろうかという疑問を押しとどめるのに苦労する」[11]と書いているが、夏にはイルカの背中が赤くなるような劣悪な環境でイルカたちが調教されていることを知りながら、イルカの飼育環境やイルカのスタントショーについて、この動物学者は動物福祉的な問題を見出すことはなかった。

　フリッピーは一九五五年、ハリウッド映画への出演を果たす。撮影場所はマリン・スタジオ、

『半魚人の逆襲』DVD

役柄はショープールでスタントをしてみせるフリッピー自身、映画のタイトルは『半魚人の逆襲』である。[12]

フリッピーなどのバンドウイルカのショーが大人気を博して、世界初のイルカ水族館となったマリン・スタジオは、観光地としての性格を鮮明にするために、一九五〇年代には「マリンランド・オブ・フロリダ」との別名が付与されて年間五〇万人もの観光客が訪れる人気スポットとなっていくが、イルカの飼育・調教技術がある程度完成したマリン・スタジオは、この飼育技術をグループ企業に売却して一儲けしようと企てる。しかしこの試みは頓挫（とんざ）し、アドルフ・フローンなどの優秀なスタッフは、開館が間近に迫ったライバル施設、マイアミ海洋水族館（シークアリウム）に根こそぎ引き抜かれてしまった。

### マイアミ海洋水族館とリック・オバリー

一九五五年九月二四日にマイアミ海洋水族館がオープンを迎えたとき、予期せぬ出来事が起きた。開館に先立って搬入されスタントショーのために訓練されていたバンドウイルカ十数頭の中でクラウンと名付けられていたイルカが、オープン日の開場時刻である午前九時ちょうどに、オスの子イルカを出産したのである。クラウンの出産は何千人という初日来場者に目撃されたが、来場者の多くは、それが水族館の開館に合わせて緻密に計算された計画出産だったと考えた。しかしこれは単なる偶然だった。そうであればこそ、マイアミ海洋水族館は、そのオープンが天から祝福されているかのように思われた[13]。

マリン・スタジオから引き抜いたアドルフ・フローンのお陰で、マイアミ海洋水族館ではオープン当初からイルカ、アシカ、ペリカン、ペンギンを使ったスタントショーを行うことができた。フローンはイルカには英語で、アシカにはドイツ語で話しかけ、「頭のてっぺんから爪先まで糊のきいた白い制服で身をかため、肩章とキャプテン・ハットのひさしの金ぴか刺繡を〝いり卵〟のようにまばゆく輝かせて」「中央ステージに立つのを楽しんでいた[14]」。

オープンから一年ほど経ったとき、すでに五〇歳を超えていたフローンに加えて、イルカの調教師としてペンシルバニア州出身のアメリカ青年、ジミー・クラインが雇用された[15]。クラインは二八歳だったが、フロリダ州フォート・ウォルトン・ビーチでイルカを扱った経験があった[16]。

フローンとクラインの二人は、決して口を利かず相手のショーには見向きもせずにイルカなどの動物を調教し続けた。フローンは新たな調教を行うときには誰にも見られないようにドアに鍵をかける始末だった。しかしこの二人によってマイアミ海洋水族館のイルカショーはますます進化し、イルカにはストローハットが被せられ、時には巨大なサングラスまでかけさせられてコミカルなショーに発展。フローンがステージにボウリング・レーンのミニチュアをセットしてイルカにボウリングをさせてみせると、トップデッキに立ったジミー・クラインは、イルカを三メートル以上もジャンプさせて、若くして少なくなりつつあった彼の額の頭髪を引っ張らせたり、口にくわえたタバコを取らせたりした。彼ら二人が編み出す新機軸は、そのすべてが大人気となって、イルカショーの人気はとどまるところを知らなかった。

水族館を運営する上で、重要になるのが展示する海洋生物の採取である。マイアミ海洋水族館の生物の採取と展示の責任者はウィリアム・B・グレイで、彼は開館時には六〇歳を少々超えていたが、チョウチョウウオからサメやイルカまで、ありとあらゆる海洋生物の採取経験があった。

マイアミ海洋水族館のオープンから二年後の一九五七年、グレイのもとにとある漁師から耳よりな情報がもたらされる。マイアミから五〇〇マイルほど北上したサウスカロライナ州ビューフォートのセントヘレナ島付近に「雪のように白い」イルカがいるというのである。グレイは半信半疑だったが、一九六一年、グレイの第一助手エミル・ハンソンが当地で白いイルカを確認。そこでグレイはエイハブ船長よろしく白いイルカの捕獲に乗り出した。[17]

一九六一年一一月、グレイ、ハンソンその他四人を乗せた進水したばかりの捕獲船「海洋水族館（シークアリウム）」号は、セントヘレナ島目指してマイアミを出発。セントヘレナ海峡に入ると白いイルカはすぐに見つかった。それはアルビノのバンドウイルカで、子イルカを連れているメスだった。チームは二二日間にわたって捕獲を試みるが、アルビノ・イルカの親子はバンドウイルカの群に身を潜めて決して単独行動せず、捕獲に失敗する。

翌一九六二年六月、マイアミ海洋水族館の捕獲チームは、再び白いイルカ捕獲のためにセントヘレナ島へ向けて出発するが、このときの捕獲チームには新たにメンバーが一人加わっていた。彼の名はリチャード・オフェルドマン、後にリチャード（リック）・オバリーと名乗ることになる若者だった（彼が改名するのは一九七〇年頃のことだが、便宜上以下リック・オバリーと表記する）。

一九三九年一〇月、リック・オバリーはマイアミに生まれた。両親は地元でレストランを経営し、一歳違いの兄がいた。五歳のときに初めて水中眼鏡で覗いて以来、海中世界に魅了された彼はマイアミの美しい海とともに育ち、一九五五年、一六歳で海軍に入隊してダイビングを始める。一九六〇年に除隊になると、「モダン・トレジャーハンティングの父」といわれたアート・マッキー（一九一〇―七九）のもとで沈没船の財宝探しに従事。一九六二年、マッキーの紹介でマイアミ海洋水族館に就職する。

オバリーがイルカの捕獲チームに加わったのは、アルビノのバンドウイルカを求めて一九六二年六月に出港したシークアリウム号に乗り込んだのが初の経験だったが、このたびの航海では逆風が吹いていた。一九六二年四月、セントヘレナ海峡を含むビューフォート郡水域におけるイルカの捕獲を非合法とする州法がサウスカロライナ州議会を通過していたのである。アルビノ・イルカの存在を知って、このイルカが観光資源になると考えたビューフォート地域の議員が、マイアミ海洋水族館のイルカ・ハンティングを狙い撃ちにした法律だった。アルビノ・イルカ捕獲反対のプラカードを掲げた保護団体の船が連日シークアリウム号に接近し、捕獲用の網が展開しにくいように船を動かして妨害した。リック・オバリーとイルカの関係は、イルカ捕獲反対運動と対峙(たいじ)することから始まった。

## アルビノ・イルカを捕まえろ

六月一九日、シークアリウム号はセントヘレナ海峡に到着。ビューフォート郡水域での捕獲作業が禁じられているなかで、イルカ・ハンティングが始まった。条件は悪かった。水深は深く、潮流は強い。海底からの突起物が網の展開を邪魔した。アルビノ・イルカの親子はまたも巧みに他のイルカの群と行動をともにしていた。セントヘレナ海域に到着してしばらく経ったある日、展開した網から白イルカが逃げたために網を引き上げていると、網に絡まった一頭のイルカが溺死していた。誰にいわれるでもなくオバリーは海に飛び込んで死んだイルカの肺をナイフで突き刺し、住民に見つからないように海に沈めた。

七月に入った。連日早朝から白いイルカ探しを始めるが、イルカを発見しても規制水域内で網が展開できないことも多かった。何日かに一度は網を投入するところまで追い詰めるが、どうしても逃げられてしまう。ついに七月は去り、八月に入った。

八月四日、地元でトロール漁をしている協力漁師の一人から、イルカ発見との無線が入った。シークアリウム号が船速を上げて数キロ先のトロール船に急行すると、二隻のエビトロール船を追う巨大なイルカの群のなかにアルビノ・イルカを確認。幸い規制外で捕獲が可能な水域だった。ハンソンが「レッツ・ゴー」と叫んで、自ら船外機付きボートに乗り移る。オバリーも網を積んだもう一隻に移る。二隻のボートは網を展開しながら群を包囲するように静かに前進する。そのとき母船からグレイが手を振り下ろして何か合図をしている。網で包囲したイルカが多過ぎたのだ。イルカが網にかかり過ぎると溺死する危険が高まる。一度は接近しかけた二隻は再び静かに散開して網の口を開き、すべてのイルカを逃がす。

シークアリウム号と二隻のモーターボートはイルカの群から付かず離れずアルビノ・イルカの様子を見守る。数時間の後、ついにアルビノ・イルカの親子二頭が群から離れた。すかさず二隻のモーターボートは二頭のイルカを追って網で包囲し、二隻のボートは直ぐに接近して網を閉ざした。アルビノ・イルカはパニックに陥って網に全速で突進し、網に絡まって動けなくなった。海に飛び込んだオバリーはイルカが溺れないようにイルカを支えた。イルカの親子は網ごとボートに引き上げられてシークアリウム号に移され、ラバーのマットに寝かされた。白いイルカの捕獲はついに成功したのだ。

シークアリウム号が五八時間の航海の後にマイアミ海洋水族館近くの港に入港したとき、夜の九時を回っていたが、港は新聞記者、カメラマン、テレビのクルー、そして水族館職員や友人、家族でごった返していた。フラッシュの嵐のなか、グレイ、ハンソン、そしてオバリーら乗組員は意気揚々と陸に上がった。

カロライナ・スノーボールと名付けられたアルビノのイルカは、ほとんど何の芸も覚えず、わずか三年ほどしか生きなかったが、このイルカをかたどった彫像が作られて、今もマイアミ海洋水族館の入り口前に立っている。

マイアミ海洋水族館とその前に立つカロライナ・スノーボールの彫像
(Lynn and Louis Wolfson II Florida Moving Image Archives 写真提供)

## フリッパー登場

その後リック・オバリーは、水中ショーのダイバーへ、さらには調教師ジミー・クラインのアシスタント・トレーナーへと順調にキャリアを積んで、スタントショーのステージに立つようになるが、彼ら捕獲チームがアルビノ・イルカの捕獲に血眼になっているころ、イルカが主役級の役割を演じる劇場映画が制作されていた。それが『フリッパー』である。

『フリッパー』には二つのルーツがある。一つは一九五五年にマリン・スタジオで撮影された『半魚人の逆襲』である。この映画で半魚人を演じたリコー・ブラウニング（一九三〇―）は、俳優でありシナリオライターであり、ときにプロデューサーや監督も務める映画人だったが、水中撮影を得意とするダイバーでもあって、水中シーンの多い題材を常に探していた。彼はマリン・スタジオでフリッピーのスタントを目にして、イルカを『リン・ティン・ティン』のジャーマンシェパードや『ラッシー』のコリーなどと同じようなキャラクターとして使えないかと考え始めた。

もう一つのルーツは、この映画でフリッパー役を演じるイルカを調教することになるミルトン・サンティーニ（一九一五―九四）である。サンティーニは元々漁師だったが、あるときアジを獲っていた彼の網に若いバンドウイルカがかかった。網が破られて漁果が台無しになるのを恐れたサンティーニは、イルカをライフルで撃つ。しかしこの若いイルカはすぐには死なずに、出血死するまでの間「赤ん坊のように泣き続けた」。まるで殺人を犯したかのような罪悪感を覚えたサンティーニは数ヶ月後、網にまたイルカがかかったときには網に飛び込んでイルカを逃がしたが、このとき彼は、背びれより前を抱くとイルカがおとなしくなることに気付いてイルカの調教に興味を持つ。一九五八年、彼は「サンティーニのイルカ学校」を開設してイルカのトレーニングを始めるが、若いイルカを殺してしまったことを悔いて改心するミルトン・サンティーニの逸話は地域の住民や観光客の間で次第に知られるようになって、映画制作者アイヴァン・トースに、この逸話を下敷きにした長編映画の制作を決意させることになった。[18]

原案リコー・ブラウニング他、制作アイヴァン・トースによる劇場版『フリッパー』は、サンティーニの逸話を下敷きにしただけに、フリッパーと仲良くなる少年サンディの父親（チャック・コナーズ）は漁師という設定で、フリッパーもサンディのいとこに水中銃で撃たれて深手を負ったり、漁師の父もイルカを害獣扱いして「フリッパーといえども漁を荒らせば殺さざるをえない」と厳かに宣言したりとそのストーリーはほろ苦いが、最後にはサンディを襲おうとしたサメに気付いたフリッパーがサメに体当たりしてサンディを守り、フリッパーは素晴らしい友人なのだと家族全員が認めてハッピー・エンドとなる。

リック・オバリーと映画界との関係は、『フリッパー』のサメ襲撃シーンから始まった。撮影にはマイアミ海洋水族館が飼育していた四メートルほどのイタチザメが使われたが、飼育下のイタチザメは長生きすることがなく、撮影に使ったサメも衰弱していた。サメが必要なシーンになると、潜水したオバリーとブラウニングが弱ったサメを押してカメラの前を通る。凶暴なサメを撃退するためにフリッパーがサメに体当たりするシーンでは、本物のイルカではなくファイバーグラス製のイルカの模型が使われたが、いつ死んでもおかしくない弱ったサメに模型のイルカを何度も激突させたオバリーは「こんなふうに死にかけたサメを使うのはこたえた」と後になって書いている。[19]

『フリッパー』DVD

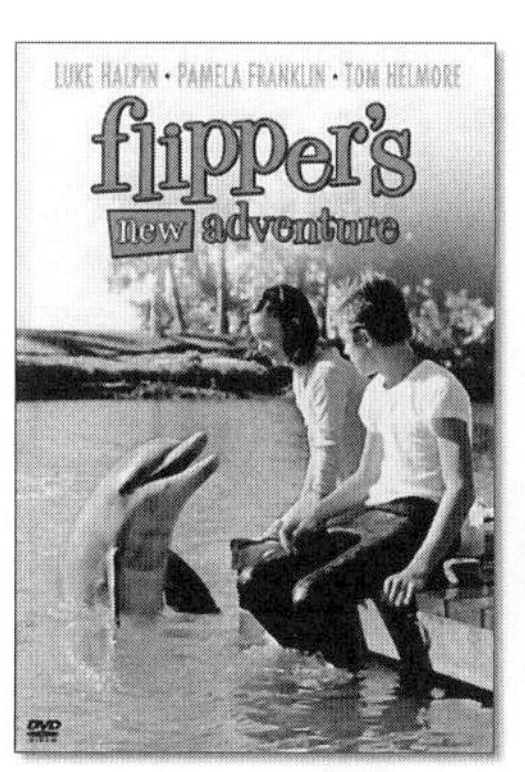

『頑張れフリッパー』DVD

エンドロールで「マイアミ海洋水族館、そして一三年前に初めてイルカを調教したキャプテン・アドルフ・フローン」などへの謝辞が入るこの劇場映画『フリッパー』は成功を収め、翌一九六四年、続編『頑張れフリッパー』[20]が制作公開される。これはテレビ版連続ドラマの可能性を探るパイロットバージョンでもあり、サンディの父親は漁師からパーク・レンジャーへと変更されている。そしてこの『頑張れフリッパー』以降一九六七年までNBCが放映するテレビ版『フリッパー（邦題：わんぱくフリッパー）』[21]に登場するイルカの調教を担当したのが、リック・オバリーだった。彼はマイアミ海洋水族館の職員であり続けたが、観客のためのイルカショーの担当からは外れて、リコー・ブラウニングとあれこれ相談を重ねながら、フルタイムでフリッパーのトレーニングにあたった。

劇中のフリッパーはオスという設定だが、フリッパーを演じたのは五頭のメスで、なかでもキャシーおよびスージーと名付けられた二頭が重用された。オバリーはスージーに一二回連続でジャンプさせたり、キャシーに尾びれを振って水上高く立ち上がり後ろに移動するテールウォークやその位置に立ち続けるテール・ダンスなどあらゆる芸を行わせた（テール・ダンスをするフリッパーの楽しげな鳴き声は、ウッド・ペッカーなど数々のキャラクターボイスを創り出し、「千の声を持つ男」と言われた声優メル・ブランクのものである）。

テレビ版『フリッパー』には劇場版にあったほろ苦い現実というものはなく、妻を失ったパーク・レンジャーのポーター・リックス（ブライアン・ケリー）や二人の息子サンディとバドが陥るトラブルを賢く可愛いイルカのフリッパーが機転を利かせて解決するというおきまりのパターンが繰り返された。物語の背景にあるのは古き良き黄金時代のアメリカである。人々は幸福のなかで善良に生活を送り、解決できない問題は決して存在しない。人生は常に有意義であり、劇中のすべての人々は賢いフリッパーに感嘆し愛し、フリッパーもまた人を信頼し人間とのコミュニケーションを心から楽しんだ。

劇中の設定はあまりにも健全だったが、実際の撮影ではイルカたちは酷使された。撮影が進むにつれてスージーは人間に対して攻撃的になっていった。スージーは実際に人間を傷つけることはなかったが、尾びれで水面を不満げに叩いて近くの人に水をかけたり、水中の共演者を鼻先でこづいたりした。イルカたちは芸に成功すると即座に餌をもらえるものと刷り込まれているのに、撮影の都合で褒美(ほうび)の餌がすぐに与えられないことが最大の原因だった。

フリッパーを演じるイルカたちのなかで、スージーよりも攻撃的なパティというイルカがいた。ある日オバリーがパティとともに水に入って訓練していたとき、オバリーに近づいたパティは一度水中に潜ってからジャンプして彼の頭を尾びれで叩いた。立腹したオバリーは拳骨を固めて、再び近づいてくるパティの背びれの横を力任せに殴った。パティはオバリーから一度離れてから再びスピードを上げて彼に近づいた。彼は再び拳を固めたが、覚えているのはそこまでだった。彼はパティに体当たりされ脳震盪(のうしんとう)を起こし、病院に運ばれて三日間入院したのだった[22]。フリッパー役のイルカたちはどれもストレスを抱えて問題行動を起こすようになり、大きな問題を起こさないイルカはキャシーだけとなった。オバリーは書いている。

『フリッパー』シリーズが終わりかけているいま、小さな良心が私の心に忍び込んでいた。私たちはもう十分イルカたちを利用し、彼らに借りを作ってしまったと感じていた。つまり、彼らに自由と人間にわずらわされない本来の生活をする素朴な権利を返さなければならないのだ。しかし、当然のことながら、私は何も言わなかった。[23]

そして『フリッパー』は終了した。NBCによる最終回の放映は一九六七年四月一五日のことである。

## イルカ・トレーナーからイルカ活動家へ

一九六七年に『フリッパー』の放送が終了したとき、『フリッパー』の物語の前提となっていた古き良きアメリカは失われていた。ベトナム戦争は泥沼化し、アメリカは北爆を開始していた。アメリカ各地で反戦運動が起きていた。正義は北爆を続ける体制にではなく、反体制側に存在しているかのようだった。

自著にサインを求められると今も必ず「ラヴ&ピース、そしてレヴォリューション」と書き添えるリック・オバリーは、当時を振り返ってこう語っている。

「私はヒッピーだった。私は海軍に五年いたが、ベトナム戦争には反対だった」[24]

それではヒッピーとは、そしてヒッピー文化とはなんだろうか。

「あの頃、それは音楽であり、表現の自由であり改革であり、自由ということだった。それは世界を救う社会改革だったんだ。セックスとドラッグとロックンロールということではない」と彼はいって、微笑みながら小声で「だけではない」といい直した。

『フリッパー』の仕事を終えたリック・オバリーはまたも映画撮影のためのイルカの調教を引き受けたが、使われたのは精神を病んだ異常なイルカで、映画制作者の腕にかみついて大怪我を負わせるという事故が起きた。オバリーは引き続き『フリッパー』に使われた五頭のイルカの世話をしていたが、スージーはアドルフ・フローンのショー用のイルカとなり、しばらくするとヨーロッパの巡業サーカスに売却されて、その後肺炎で死んだ。他のイルカも次々と彼のもとから連れ去られて、フリッパー・ラグーンと呼ばれる撮影用プールに飼われているイルカはキャシーだけとなった。

次にマイアミ海洋水族館が彼に与えた仕事は、最近捕獲されたシャチの世話をすることだったが、そのとき体長四メートルだった「ヒューゴー」と名付けられたシャチは、水深三・六メートルという小さなプールに入れられていた。オバリーは訪れる観光客のためにヒューゴーの背中に乗ってフルートやギターを奏でてみせたが、シャチは毎日四五キロもの魚を食べてぐんぐん成長し、プールはますます狭くなって、ついには観光客までもがこのプールはシャチには小さすぎると激しく非難するようになった。

観客からの容赦ない罵り(ののし)にいたたまれなくなったリック・オバリーはマイアミ海洋水族館を去り、インドに脱出。インドから帰国したある日のこと、水族館から緊急の連絡が入る。インドへ発つときには元気だったキャシーの状態が悪く、別のプールに移したのだという。彼は水族館へと急ぎ、キャシーとの再会を果たすが、そのときの様子を彼は書いている。

そして愕然とした。確かにそこにキャシーはいたが、それは私の知っているキャシーではなかった。背中にも頭にもまっ黒に疱疹ができていた。大きな醜い黒い疱疹がほぼ全身を覆っている。キャシーはほとんど動かず、水面に浮かんでいた。[25]

オバリーは着の身着のままプールに飛び込んだ。キャシーは彼の元まで弱々しく泳いできたが、彼が抱き止めたとき、このイルカが彼の腕のなかで死んでいくのが分かった。

よごれた白い泡が噴気孔についていた。私は無意識にそれを洗ってやり、水の入らぬように気をつけながら親指で噴気孔をそっと開いてやった。それから腕で支えてプールの端につれて行き、ひざを使って胸郭を押した。だがだめだった。（中略）私は手を離した。キャシーは底へ沈んで行った。（中略）涙がほほを流れた。（中略）

「ぼくたちはなぜこんなことをしているんだ！」[26]

リック・オバリーはその週のうちにバハマ諸島のビミニに飛んで、そこで飼育されているイルカの生け簀の網を切って逮捕される。以来彼はイルカのスタントショーやイルカの飼育に絶対反対の立場を取って、捕らわれのイルカを一頭でも多く野生に戻すために、その生涯を捧げている。

# 第六章　乱獲と生体ビジネスの始まり、包囲網の形成

動物が命を奪われる光景を見るのは、珍しいことではない。
しかし、これほど苦痛に満ちた、長引く死は見たことがなかった。

——C・W・ニコル

乱暴者達は、鯨やイルカを殺すところをことさら映像にとって世界に残虐を訴えます。
しかし、我々は牛や豚を食べているけれど、と殺場で、それらの生命を奪っているところを、
隠し撮りをして世界中にばらまくような人がいたら、おかしいと思うでしょう。

——和歌山県知事　仁坂吉伸

突き棒組合を名乗った七人の漁師たちが試行錯誤を繰り返すなかから一九七二（昭和四七）年頃に始まった太地町のイルカ追い込み漁は、誰に隠すでもなく、誰に知られるでもなく毎年一〇月から翌春まで続けられていた。彼らは当初、群を漁港へと追い込んでいたが、古式捕鯨ショーの舞台としても使われた畠尻湾と呼ばれる小さな入江へ追い込むほうが作業が容易いために、次第に畠尻湾が追い込み専用の入江として使われるようになっていった。[1]

当時イルカやゴンドウの追い込み漁は、漁業権が設定されていない自由操業で、操業規制も捕獲頭数規制もない野放しの状態だった。一九七七（昭和五二）年、突き棒組合が大きな利潤を上げ続けているのを見た他の漁師仲間が、新たにグループを結成して追い込み漁を始める。始めてしばらくの間は突き棒組合との技術格差は歴然としており、思うように追い込みが行えなかった新グループだったが、やがて彼らも追い込みに成功し始めると、二つのグループは互いをライバル視して激しくいがみ合い、相手よりも先にゴンドウやイルカの群を追い込んで利益を独占しようと熾烈な競争を繰り広げた。

新グループの追い込み技術が完成の域に達した一九八〇（昭和五五）年、競争を背景として二グループは凄まじい乱獲を繰り広げた。一九七九年に太地町で捕獲されたスジイルカ、バンドウイルカ、コビレゴンドウはそれぞれ二三九七頭、六頭、一二一頭、三鯨種合計で二五二四頭だったが、翌一九八〇年にはそれぞれ一万二八三五頭、四一二頭、八四一頭、計一万四〇八八頭と捕獲量が五倍以上に急増している。[2]

なかでもバンドウイルカは六頭から四一二頭へと爆発的に増えているが、これには水族館への販路が拡大したという事情がある。それまで太地からバンドウイルカを購入するのは、関西や四国、九州など西日本の一部水族館に限られていて、一九七〇（昭和四五）年九月に串本沖に追い込まれたバンドウイルカ一〇六頭のうちの二十数頭が西日本各地の水族館に売却されて以来、販路は全く開拓されていなかった。なにより静岡県伊東市の川奈・富戸という存在があった。太地より東の水族館は、全館が川奈・富戸からイルカを購入しており、くじらの博物館の依頼で一九七五（昭和五〇）年に始まったバンドウイルカの追い込みから生体のイルカを購入するのは、もっぱらくじらの博物館だけだったのである。

ところが一九七九（昭和五四）年、神奈川県三浦市の油壺（あぶらつぼ）マリンパークが、太地からバンドウイルカを購入したいと手を挙げる。油壺マリンパークは一九六八（昭和四三）年に設立された水族館だが、京浜急行設立八〇周年事業として、イルカショーのインドアシアターを造りたいから協力してほしいと太地町に要請してきたのである。

依頼を受けたのは一九七三（昭和四八）年、くじらの博物館の主任職員から町議会議員への転身を果たし、一九八〇年当時イルカのトレーニングビジネスに乗り出していた三好晴之だった。三好は一九七六（昭和五一）年、太地でバンドウイルカが捕れるようになったことで、太地に別荘を持ち趣味でイルカを飼い始めた海原建設社長海原壱一（一九三五―）の求めに応じてイルカのトレーニングを引き受け、そのときトレーニングした二頭のバンドウイルカを使って奈良県生駒山山上遊園地で「イルカ、山に登る」と銘打った移動式イルカショーの公演を行って大成功を収めたことがあった。このときの経験から、生体イルカの畜養・トレーニングがビジネスとして大きな可能性を秘めていることに気付いた三好は、町議会議員としての活動の傍ら、森浦湾に生け簀を浮かべて、イルカトレーニングセンターを開設していたのだった。

三浦半島の西海岸に位置する油壺マリンパークにとっては、川奈・富戸からイルカを輸送する方が遥かに簡単である。それでもあえて太地に白羽の矢を立てたのは、川奈・富戸には、鴨川シーワールド館長として君臨する鳥羽山照夫を頂点とするさまざまな人的しがらみがあり、それらを断ち切って自分たちの構想だけで自由に仕事をしたい、ついてはイルカも太地から調達してみたいという理由からだった。

イルカを一二頭ほど調達したいという彼らの求めに応じて、三好はバンドウイルカ二〇頭の畜養を始めた。輸送時に三割は斃死すると見込んでのことである。ところが三ヶ月ほど畜養して基礎トレーニングを施したイルカを油壺マリンパークへと運んでみると、二〇頭全頭が元気に到着。水族館側はうれしい悲鳴を上げることになった。これがきっかけとなって太地からイルカが購入できるとの情報が東日本や北日本の水族館中に知れわたる一方で、川奈・富戸ではイルカ資源の枯渇が深刻さを増しており、バンドウイルカについては一九七八（昭和五三）年に二七頭捕獲されたのを最後に、一頭も捕獲できない年が（一九八五年まで）続いていた。[3]そのため一九八〇年というこの年を境に全国の水族館から太地町へのバンドウイルカの買い付け依頼が殺到したのだった。

　一九八三（昭和五八）年、いがみ合う二つのグループは漁協の仲介で合併（このグループは一九八八年に「いさな組合」と命名されて今日に至る）。同時に追い込み漁は県知事許可漁業となって新たな追い込み漁グループの出現が食い止められた。操業期間はイルカ類については一〇月一日から二月末日まで、ゴンドウ類では一〇月一日から四月末日までと定められ、捕獲頭数にもイルカ類は種別問わず合計五〇〇〇頭、ゴンドウ類五〇〇頭という自主規制枠が設けられた（一九九三年、自主規制枠は捕獲枠となって正式な規制が始まる。捕獲枠は年を追って減少しており、二〇一三／一四年度漁期ではゴンドウ類四八五頭、スジイルカ四五〇頭、バンドウイルカ五五七頭、マダライルカ四〇〇頭、カマイルカ一三四頭、合計二〇二六頭。なお二〇〇六年漁期から解禁日は一月早い九月一日となった）。

一九八八年、商業捕鯨がモラトリアム（一時停止）に入って鯨肉の流通量が減ると、イルカやゴンドウ肉の相場が急騰した。バンドウイルカは一頭あたり三〇万円前後、スジイルカも一〇万円前後で飛ぶように売れ、コビレゴンドウは一頭四〇〇万円で売れることもあった。どれも生体ではなく肉として解体される場合の価格である。コビレゴンドウの最高値記録は六〇〇万円で、このとき買われたゴンドウは一頭丸ごとが大阪の百貨店の屋上に運ばれて解体ショーが開かれた。[4]漁師の年収は一千万円を楽に超えた。長くは続かなかったが良い時代だった。良い思い出はいつまでも残る。

## 英作家C・W・ニコルの戦慄

太地町で小型鯨類の追い込み技術がほぼ完成されていた一九七八（昭和五三）年一〇月、一人のイギリス人がイルカの追い込み現場を目撃する。作家のC・W・ニコル（一九四〇―）である。彼は捕鯨に反対するどころか巨大なクジラに対峙する捕鯨に勇壮な男のロマンを感じていて、そのとき古式捕鯨をモチーフにした長編小説『勇魚（いさな）』の執筆中だった。創作上のインスピレーションを得ようと、古式捕鯨発祥の地である太地に住み始めて二週間ほど経ったある日、偶然彼は畠尻湾に追い込まれたイルカの屠殺現場に遭遇したのである。ニコルは太地のイルカ漁について長く口を閉ざしていたが、二〇〇七年になって当時の様子を次のように書いている。

その日、ぼくは数隻の船が五十から六十匹（ママ）のイルカの群れを、湾に追い込もうとしているところを見た。その後、湾の出口は網でふさがれ、外に出るにはジャンプするしかなくなったが、イルカにはそれができるほどの分別はないようだった。

網で封鎖された湾に浮かぶ数隻の小船に乗りこんだ男たちは砂洲に乗り上げると、槍を投げた。北極で使われているような逆棘（とげ）のある銛なら、イルカをすばやく仕留められる。だが、ここで使われていたのは、槍だった。イルカにあたろうがあたるまいが、あたって怪我をさせようが、問題にはならないようだ。槍には綱がついており、ぐいと引っ張ってもう一度投げることができた。多くのイルカが傷つき、パニック状態になった。それはフェロー諸島で行われているゴンドウクジラの追いこみ漁とも違っていた。フェロー諸島の漁は、クジラを浅い水に追いこむとすぐに大きなナイフで動脈を切断して殺す。

四頭のイルカは自力で陸に上がり、二頭は岩に、別の二頭は砂利の上に上がった。どれもひどく負傷していた。ヒレを激しく動かし、苦悩のあまり暴れまわって水がピンク色になった。あまりのことに戦慄しながら、ぼくは近くで見るために浜辺に出た。一匹のイルカは水から出ようとして突進し、自分のアゴをぶつけて砕いてしまっていた。

ぼくは十二歳のころから狩りをしてきたし、狩猟民族と共に暮らしてきた。だから、動物が命を奪われる光景を見るのは、珍しいことではない。しかし、これほど苦痛に満ちた、長引く死は見たことがなかった。（中略）これは心ない残虐行為であり、笑いものにすべきことではない。文化の違いだと見過ごすことはできなかった。[5]

その後ニコルは友人の紹介により水産庁の官僚との面会を果たし、太地町のイルカ漁に対する懸念を伝えたが、官僚は冷笑して「イルカはどっちにしても死ぬんです。何が問題なんですか？　たかが動物ですよ」と応えたという。[6]

## リック・オバリー、イルカ漁を目撃

二〇〇三年一〇月、リック・オバリーは、サンフランシスコで開催された活動家ミーティングに参加していた。ミーティングの幹事はアース・アイランド協会のデヴィッド・フィリップスである。フィリップスは一九九〇年代に何百万ドルという募金を得て、ハリウッド映画『フリー・ウィリー』に使われたケイコと名付けられたシャチを野生へ戻すことに成功したイルカ保護運動の大物だった。

ミーティングでは世界中からやってきた百数十人のイルカ活動家が、イルカ水族館などで終身刑に処せられている（と彼らが考える）イルカを解放するための運動の進捗を議論し、今後の戦略を練ろうとしていた。

ミーティングの最中、オバリーの携帯が鳴った。シーシェパードのポール・ワトソンからだった。

「私は今も彼の言葉を正確に覚えているよ」とオバリーはいう。「素晴らしいことになっている。彼はそういったんだ」

シーシェパードはその年二〇〇三年から太地に駐在員を置いて追い込み漁の模様を記録しようとしていたが、そのとき太地に滞在しているボランティアは一人だけで、しかもそのボランティアは（二〇一五年現在廃業となっている）太地のトレーラーハウスパークのトレーラーを借りて寝泊まりしているという。他の宿泊客はゼロだった。彼の身に何か起きたら大変だ。ミーティングの参加者から太地に行ってくれるボランティアを一人募ってくれないか。それがポール・ワトソンの依頼だった。

オバリーはワトソンの依頼をミーティングにかけてみたが、誰の手も挙がらなかった。

「それで私が行くことにした。ミーティングの参加者に帽子を回してカンパを集めて旅費にした。ワトソンは金を出さなかった」

彼が太地を訪れるのはこれが初めてではない。一九七七（昭和五二）年にもローリング・ココナッツ・レビューの一員として来日した際に、彼は「くじらの町」太地に立ち寄っている。

ローリング・ココナッツ・レビューとは一九七七年四月、ジャクソン・ブラウン、ジョニ・ミッチェル、泉谷しげる、岡林信康など日米の錚々(そうそう)たるアーティストを集め晴海の国際見本市会場東館ドームで三日間にわたって開かれたコンサートで、背景にあったのは、捕鯨国日本に対する国際的な批判の高まりだった。

「クジラを救え、日本をボイコットせよ、というのが当時の風潮だったが、ボイコットは人種差別だ。私たちがしたかったのは祝福だ。クジラやイルカという素晴らしい海の生き物たちを祝福して、楽しいひとときを過ごそうというのが目的だった。また東京でやりたいね」

オバリーによるとローリング・ココナッツ・レビューによって「ボイコット・ジャパン」運動は止まったのだという。

一九七七年当時、彼は太地でイルカの追い込み漁が行われていることを知らなかった。二〇〇三年一〇月に再び太地を訪れることになったとき、彼は知識としてはイルカ漁について承知していたが、実際の漁の現場がどのようなものか知らなかった。そして彼は太地町を訪れ、畠尻湾で行われているイルカの追い込みと屠殺の現場を初めて目撃する。そのときの模様を彼は語る。

「極端な、極端に残酷な行為だ。漁師から逃れようとして何頭かのイルカがジャンプして海岸の岩に頭をぶつけて血が流れていた。赤ん坊もお構いなしで、流血と苦悶が一日中続くんだ。

イルカが岩に乗り上げて苦悩で身をくねらせていても漁師たちはただ無視していた。極限的な残忍さだ。そして彼らは今もこれを続けている。これは日本の伝統なのだといってね。これほど極端な残虐行為が日本の伝統であるはずはないよ」

一九七〇年以来、リック・オバリーは四〇年以上にわたって飼育下のイルカを野生に戻すために人生のすべてを捧げてきた。しかしこれまでに彼が解放できたイルカは一〇〇頭にも満たないだろう。その一方で太地では毎年一〇〇〇頭以上の野生のイルカが殺されている。オバリーにとって太地のイルカ追い込み漁は、彼生涯の努力を完全に否定してあざ笑う悪魔の所行だった。太地で行われているイルカの惨殺行為はなんとしても止めさせなければならない。彼は「日本のイルカを救え」運動を立ち上げて、全力でこの問題に取り組み始める。

リック・オバリーが太地を訪れた翌月の一一月一八日、そのとき太地に滞在していたシーシェパードのメンバーであるニュージーランド人アレックス・コーネリソン、およびアメリカ人アリソン・ランス＝ワトソンの二人が凍るような海に飛び込み、畠尻湾に追い込まれたイルカを封鎖している網を切って一五頭のイルカを逃がした。二人は新宮署に逮捕されて威力業務妨害で罰金刑を受け、一二月九日に釈放された。[7]

## 水銀問題と謎の撮影クルー

二〇〇五年一一月三〇日付ジャパン・タイムズに、記者ボイド・ハーネルによる「抗議を無視する秘密のイルカ虐殺」と題された記事が掲載された。太地のイルカ漁の実態を初めて全世界に知らせるルポルタージュで、太地から帰国したばかりのリック・オバリーの談話も紹介されている。オバリーによると、彼は太地の漁師グループと会い、イルカ殺しを止めるために助成金の提供を申し出たが、イルカは商業漁業と競合する「害獣」であり、害獣駆除という目的もあるのだと拒否されたという（太地町漁業協同組合の組合長脊古輝人によると「そういうこともあるかも分からんね。応じなかったもの。鼻であしろうたものね」という）。

ハーネルは水産庁漁業資源課課長補佐（当時）の諸貫秀樹にも電話で取材し、「もし牛を食べるなら、どうしてイルカが食されるのに反対するのか。おなじ哺乳類ではないか」「オーストラリア人がカンガルーを食べたとしても我々は気にしない……日本人のことに口を挟まないでほしい。イルカとクジラは日本の食文化の一部なのだ」という彼の談話を紹介。さらにこの記事には北海道医療大学大学院薬学研究科の遠藤哲也助教授（現准教授）も登場し、二〇〇三年に伊東市のスーパーマーケットで購入したイルカ肉に含まれる水銀が日本国政府の定めた暫定規制値の一四・二倍に達していたと証言している。

一般に食物連鎖の上位に位置する鯨類やマグロなど大型の魚類には、生物濃縮が進行して海水中に含まれる水銀などの汚染物質が高濃度に含まれていることが知られているが、イルカやゴンドウなどの水銀含有量が、太地町で公の問題となったのは二〇〇七年のことだった。発端となったのは、当時建設が計画されていた衛生管理型荷捌き施設である。一般に荷捌き施設とは、漁協が市場として使う施設のことで、イルカやゴンドウの解体作業はこの荷捌き施設内で行われる。二〇〇七年、この荷捌き施設のリニューアル計画が立案されたが、計画を説明するために制作されたパンフレットに「荷捌き施設で解体された太地産のゴンドウクジラを小中学校に提供する」という記述があった。この記述に驚いたのが町議会議員の漁野尚登（りょうのひさと）（一九五六―、二〇一五年現在現職）および山下順一郎（当時）の二人だった。

「これはおかしいやないかと。こんな嘘ついたらあかんと。給食で使うのは南氷洋のクジラやないかと」

議会でそのように追及すると、給食事業を行っている第三セクター「太地町開発公社」の担当者は、太地産のゴンドウも給食として提供したことがあると返答。それを聞いた二人はさらに驚いた。彼らはイルカやゴンドウの水銀含有量が南極海で捕られるクジラに比べても高いという話をそれとなく聞き知っていたからである。

「えっ、という話になった。それではイルカやゴンドウの肉に含まれる水銀やＰＣＢの含有量は、ちゃんと調べたのかと。そうしたら調べてないと」

太地町はゴンドウ肉に含まれる水銀量を調べようとしなかったため、漁野・山下両議員は、二〇〇七年の六月から九月にかけて、太地町で捕獲・販売されているコビレゴンドウやスジイルカの肉を研究機関に持ち込んで水銀含有量の計測を依頼。七回行われたすべての計測機会において、総水銀、メチル水銀、PCBのそれぞれについて、日本政府の定めた暫定規制値（総水銀〇・四PPM、メチル水銀〇・三PPM、PCB〇・五PPM）を大幅に上回る結果となった。

「給食というのは強制なんで、こういうものを出されるのを嫌がる親もおる。実際ぼくも自分の子どもに食べさせるのは嫌やと。じいちゃんやばあちゃん、おとうさんおかあさんが責任もってうちの子はええよと思うのやったら家で食べさせてくれと。給食で使わんのやったら、ぼくはこれ以上追及しませんよと。でも給食で使うのやったらまたやりますと」

善し悪しはともかくとして、太地町の町内問題としての水銀汚染問題はこれで決着したはずだった。

ところが彼らが水銀問題に取り組んでいた二〇〇七年七月、漁野と行動をともにしていた山下順一郎のもとに連絡が入る。世界の環境汚染、海洋汚染についてドキュメンタリー映画を制作しているというグループの代理人からで、那智勝浦まで出向くのでゴンドウの水銀汚染についてインタビューを受けてほしいという依頼だった。漁野尚登、山下順一郎の二人は、指定された那智勝浦のホテル浦島に出向き、カメラの前でゴンドウの水銀問題について語り、次いでジャパン・タイムズの記者ボイド・ハーネルからインタビューを受けた。撮影現場にはリック・オバリーも姿を見せたが、二人は彼の存在について深く考えはしなかった。

同じ年の秋口、太地町役場で町長秘書を務めていた瀬戸睦史（せとむつし）（一九六三―）のもとに日本語通訳を伴った数人の外国人が訪れる。彼らは太地町の美しい自然風景を撮影したいと話を切り出した。自然風景を撮りたいというなら町の許可は必要ないから、どうぞお撮りください、瀬戸がそう対応すると、話が進んでいくうちに追い込み漁の現場を撮りたいということになった。

「それは話の主旨としてはおかしいじゃないですかと。漁師の方とちゃんと信頼関係を持ってもらえれば、彼らも乗せてくれると思うんで、そこまでだめだとはいいませんよと。それでそのときは、三時間か四時間くらい話をして、分かりましたということで彼らは帰ったんです」

このグループの撮影の様子をとある漁師は語る。

ある日、オバリーたちが町のあちこちで撮影をしてたもんだから、こんな田舎町で外国人が団体でカメラ回してたら目立ちますし、町がザワついた。それで何を撮ってるのと尋ねたら、日本の美しい港や海を撮影しているんだというワケです。そりゃ田舎モンは人がいいものだから、最初はみんな好意的に協力してたんですよ。（中略）撮りたいものを勝手に撮り終えてから、向こうから正体を明かしてきたんですよ。こんな残酷な漁はやめなさいと。イルカとクジラは賢いんだから食べちゃダメだと。[8]

撮影クルーは、漁師たちの暴力的なシーンを撮影しようとひどい挑発を繰り返したのだという。しかしそのとき、実際に彼らが撮影した映像がどのようなものか、具体的に知る者はいなかった。

## 太地町を変えたドキュメンタリー映画

二〇〇九年一月、雪に被われたユタ州パークシティで開催されたロバート・レッドフォード主催のサンダンス映画祭において、一本の映画が初公開された。それはドキュメンタリーだったが、上映が終わると全観衆は直ちに総立ちになって、監督とクルー、そして出演者に惜しみない称賛を与えた。この映画はあまりにも熱狂的に迎えられたので、映画祭期間中に八回も上映されたが、観客の反応はどの回も同じだった。ドキュメンタリー映画にスタンディング・オベーションが与えられることなど、この映画祭ではこれまでにないことだった。作品は映画ファンが投票するサンダンス観衆賞を受賞し、その後出品された多くの映画祭でも受賞を繰り返した。[9]

この映画のタイトルを『ザ・コーヴ』という（コーヴとは入江の意）。『ザ・コーヴ』は和歌山県太地町の入江で行われているイルカとゴンドウの追い込み漁の実態を暴露した映画だった。監督はナショナル・ジオグラフィック誌のスティル・カメラマンだったルイ・シホヨス（一九五七―）。リック・オバリーも主演級の一人としてこのドキュメンタリーに出演している。

この映画のクライマックスは、イルカを屠殺する入江（畠尻湾）に密かに設置された数台のビデオカメラが捉えた凄惨なイルカ殺しの現場映像である。そして映画ではカメラの設置にいたるまでの入念なハイテク機器調達準備の様子や、地元の警察・漁民の警戒に怯えながら夜間入江に忍び込んで隠しカメラを設置する模様などがスリリングに収められ、さらにイルカ肉に含有される高濃度の水銀についても言及し、イルカ肉を食用にすることの危険を強く訴えている。映画を観たジェームズ・ボンド男優ピアース・ブロスナンは、ルイ・シホヨスに「君は完璧なボンド映画を作ったね」と語ったという。[10]

『ザ・コーヴ』は二〇〇九年一〇月、東京国際映画祭において二回上映されたが、すぐに右翼系識者や団体、漁業関係者らが、無許可で行われた盗撮的撮影手法や過度な演出を声高に非難し始めた。

「ドキュメンタリーというのは事実を描くことやと我々は認識しているんですけども、ある程度構成されたもんやなというような感じは受けましたけどね」と瀬戸は控えめにいう。

例えばあるシーンでは惨殺の入江から逃げ出した瀕死のイルカがやがて水中に沈んで絶命し、それを見ていた一人の女性が落涙するシーンがあるが、実際にはイルカの絶命と女性のシーンは別々に撮影されたものだった。彼女は何もない海に顔を向けて涙を流してみせて、イルカ絶命のシーンと編集で組み合わされたのである。他にも事実を歪曲していると思われるシーンは多く、水銀問題について那智勝浦でカメラインタビューを受けた太地町議会議員漁野尚登、山下順一郎をはじめ、水産庁官僚の諸貫秀樹、北海道医療大学大学院薬学研究科の遠藤哲也らへのインタビュー映像が無許可で使用された（日本語版に入れられている顔へのぼかしは国際版には一切入っていない）。また、この映画には太地町のおおらかな風土が全く描かれていないという意見もある。

『ザ・コーヴ』DVD

しかし『ザ・コーヴ』は太地町の自然風土や風習を客観的に紹介する観光映画ではなく、屠殺されるイルカに涙する女性についてのドキュメンタリーでもない。この町でひっそりと行われているイルカ追い込み漁の実態をできるだけ凄惨に描写して世界的な批判を巻き起こし、追い込み漁を廃絶に持ち込みたいというのがこの映画の意図なのだ。そして何より、少なくともこの映画が撮影された二〇〇七年までは、イルカやゴンドウが映画に描かれている通りに殺されていたことは事実だった（映画に記録されたイルカの屠殺方法は二〇〇八年一二月から改善されている。後述）。

『ザ・コーヴ』は二〇一〇年七月、日本でも（さまざまな妨害活動のため限定的ながら）公開されたが、日本公開に先立つ三月、この映画は下馬評通りアカデミー賞最優秀長編ドキュメンタリー賞を受賞。それを契機として小さな半島の町は世界中から非難の集中砲火を浴びることになった。役場には国内外から非難の電話が殺到し、瀬戸は「二週間ほどは仕事にならなかった」という。

しかし事態はこれだけでは収まらなかった。毎年追い込み漁が始まる九月から翌年の四月まで、シーシェパードなどの反捕鯨団体やイルカ活動家が、人口三五〇〇人の小さな田舎町太地に押し寄せて居座るようになったのである。漁港に向かおうとする軽トラックの前に立ちふさがって漁師たちを「この負け犬め」などと口汚く罵り、時に現金を眼前にちらつかせて「これをやるからイルカを逃がせよ」などといい放つ。誰に対してであっても、このような凄まじいハラスメントはこの国には存在していなかった。さらに彼らは追い込み漁の光景や漁師、食肉加工業者、くじらの博物館など、太地町内で追い込み漁やイルカ、ゴンドウに接点がある場所や人には容赦なくその鼻先にカメラを向けて、撮影した映像をインターネットにアップロードし始めた。

二〇一一年五月、この問題を取り上げて鯨漁師の苦悩と活動家のハラスメントの実態を白日の下に晒(さら)したＮＨＫスペシャル『鯨と生きる』が放映される。同月、和歌山県知事仁坂吉伸は、県のホームページにおいて次のように書いている。

立派な番組であったと思います。長い時間をかけてじっくり取材をし、太地の漁民の人々がどんなに苦労して生活を守り、また生物の命を絶つという行為に様々な葛藤を感じながら真摯に生きているかを描いてくれていました。（中略）

確かに生物を殺すことは、皆心に痛みを感じます。しかし、鯨はだめで、牛や豚や鳥はいいのでしょうか。魚類はどうなのでしょう。乱暴者達は、鯨やイルカを殺すところをことさら映像にとって世界に残虐を訴えます。しかし、我々は牛や豚を食べているけれど、と殺場で、それらの生命を奪っているところを、隠し撮りをして世界中にばらまくような人がいたら、おかしいと思うでしょう。（中略）

テレビを見て、挑発に乗らず耐えておられる太地の方々を見て、この人々を絶対に見棄てないぞとの決意を新たにしました。我々もできることはします。どうぞ太地の方々も引き続き挑発に乗らずこれまでのように立派な生き方を続けて下さい。[11]

数年前から太地町特別警戒本部を設けていた和歌山県警は二〇一一年一二月、追い込み漁が行われる畠尻湾近くに太地町臨時交番を設置した。漁期中には六台の警察車両が活動家対策のためだけに配置され、太地漁港には警察車両が二四時間体制で待機。シーシェパードのメンバーを乗せた(たいていはトヨタ・アクアである)レンタカー二台が町内に侵入してくると、パトカー一台、公安警察の覆面車両二台がその後をぴったり追走し、彼ら運動家の一挙手一投足を密着して監視するようになった。この警戒態勢は、太地町が依頼してのものではなく、県警側からの申し出によって始まったという。

静かなくじらの町、太地町はもはや存在していなかった。太地町は何か別の場所になってしまったのだった。

# 第七章　イルカと水族館

動物園がわれわれに教えることは、まちがっているばかりか危険なことでもあり、動物園が廃止されれば人間も動物もよりよく生きることができるようになるであろう。[1]

——哲学者・ニューヨーク大学教授　デール・ジャミーソン

対動物という観点から、水族館や動物園はきれいごとをしているわけではない。世の大部分の人々が野生動物を飼育するような悪業はやめようということになれば、館も園も閉鎖すればよろしい。しかし当分の間、動物園、水族館は消滅しないであろう。[2]

——美ら海水族館初代館長　内田詮三

二〇一四年三月二八日、ヨーロッパ各地から集まった四〇人ほどのイルカ活動家がスイス・グラン市でデモ行進を行った。デモを企画したのはスイス人の活動家ダニエル・ジョルトで、リック・オバリーもスーツ姿で参加。日本からはエルザ自然保護の会の辺見栄が加わった。シュプレヒコールも音楽もない穏やかなデモで、参加者はデモ行進の目的地である世界動物園水族館協会（World Association of Zoos and Aquariums: WAZA）本部までの二〇〇メートルを思い思いのプラカードを掲げて静かに行進した。辺見栄の掲げたプラカードには「イルカの追い込みは日本の文化でも伝統でもない（The Dolphin Drive is NOT Japanese Culture & Tradition）」と書かれている。

WAZA本部に到着したデモ隊のうち、リック・オバリー、辺見栄ら四人が本部に入り、顧問弁護士を伴ったWAZA専務理事ジェラルド・ディック博士との面会を果たした。活動家側の要求はWAZA会員である日本動物園水族館協会（JAZA）のWAZAからの除名である。

WAZAは動物福祉の向上、環境教育の充実、および地球環境の保護について、会員動物園および水族館の支援および指導を目的とする国際組織で、日本国内の動物園八九園、水族館六三館を会員に持つ国内組織であるＪＡＺＡはＷＡＺＡの会員であり、ＪＡＺＡ加盟の会員園館はＷＡＺＡの示す指針に従う義務がある（上野動物園や多摩動物公園など直接ＷＡＺＡに加盟している園館もある）。加盟水族館が太地町から生体イルカの調達を続けているＪＡＺＡはＷＡＺＡの倫理規範に違反しており、この状態が続くようならＪＡＺＡをＷＡＺＡから即時除名すべきだというのが活動家側の主張だった。[3]

発端は一〇年ほど前の二〇〇四年に遡る。この年の一一月、台北で開かれたＷＡＺＡの総会において、突然追い込み漁からの生体捕獲に対する非難決議が満場一致で可決されたのだ。さらに二〇〇六年一月にはカレン・ソースマン理事長名で、「いくつかのＪＡＺＡ会員園館が『追い込み』を指揮し、太地の追い込み漁からのイルカを受け入れており」「追い込み漁からのイルカの捕獲はＷＡＺＡの定める倫理および動物福祉規範に対する重大な違反行為である」とする非常に強硬なレターが発行された。

ＪＡＺＡ関係者によると、日本で行われているイルカ追い込み漁に関するＷＡＺＡ上層部の知識は、実際に太地で行われている追い込み漁についてではなく、伊東市川奈・富戸でのイルカ漁の模様を収めた出所不明の古い映像によるものだったが、その凄惨きわまりない映像を観たＷＡＺＡ幹部は、これが毎年太地で行われている追い込み漁の模様だと誤解した。しかし当事者国組織との事前協議が一切持たれずに非難決議が出されることは通常ではありえず、二〇〇四年の非難決議は、当時のJAZA事務局とWAZA間のコミュニケーションに瑕疵があったために起きてしまったある種の事故のようなものだったという。しかしそれでも、JAZA加盟水族館が太地の追い込み漁で捕獲されたイルカを購入することは、建前としてはWAZAの倫理規定に違反する行為となった。

活動家の多くは、水族館における小型鯨類の飼育自体にも反対の立場を取っているが、彼らの主張によれば、太地のイルカ追い込み漁が持続しているのは生体イルカが食肉としてより遥かに高額で取引されているためで、水族館などへのイルカの販売ができなくなれば、漁は経済的に成立しなくなって終息するとの読みがあった。

## 生体販売ビジネスに手を染めた太地町

水族館向け生体イルカは、食肉として屠殺される場合にくらべて遥かに高価で取引されており、太地のイルカ追い込み漁が、経済的に水族館への生体販売に大きく依存していることは事実である（終章）。太地町にとってはさらに都合が悪いことに、二〇〇五年以降、太地町自らがくじらの博物館で畜養されているバンドウイルカの生体販売ビジネスに手を染めていた。

呼び水になったのは二〇〇三年一〇月、当時博物館が飼育していた二頭のシャチのうちクーと名付けられた一頭が年間レンタル料三〇〇〇万円で名古屋港水族館へ貸与されたことだった。

くじらの博物館から名古屋港水族館にレンタルされたシャチのクー（中村庸夫撮影、ボルボックス写真提供）

一九九七年二月に捕獲されて博物館の天然プールに六年半暮らしたクーは、名古屋港水族館で五年生きて二〇〇八年九月に死亡するが、一億五〇〇〇万円の収入を太地町にもたらしたのである。

二〇〇四年八月、隣町との合併反対を掲げて町長に当選した（庄司五郎の甥にあたる）三軒一高（一九四七―）は、苦しい町財政の独立性を保つために鯨資源の徹底活用を指向。その一翼を担ったのが生体バンドウイルカの販売だった。国内の水族館は漁協から直接バンドウイルカを購入できるが、太地町が乗り出したのは、太地町漁協からはイルカが購入できない海外施設に対するイルカの輸出ビジネスで、表向きの理由は「学術交流」である。

油壺マリンパークへのイルカの輸送に成功した一九八〇（昭和五五）年以来、水族館向けのイルカ・トレーニングを事業として本格化させ、一九九二年には有限会社ドルフィン・ベェイスを設立してイルカの輸出をいち早く始めていた三好晴之は、二〇〇五年三月、「公立博物館の商取引は社会教育法、博物館法に反し、全国の施設にも悪影響を与える」として売却取りやめの陳情書を議会に提出したが不採択となる。[4] この年から太地町は本格的に生体イルカの販売ビジネスを始めるが、町が設定した海外施設へのイルカの販売価格は目もくらむような高額なものだった。

二〇〇五年六月、手始めに町はバンドウイルカ八頭を中国・大連の水族館に売却。その代金は四二四〇万円であった。七月、今度は国内の麻布大学に一頭三一五万円で売却する。

翌二〇〇六年には熊本の勇志国際高校にバンドウイルカ二頭（五七〇万円）、中国・大連に同七頭を売却（三七五四万円）。さらにドミニカに一頭あたり四万五〇〇〇ドルで一二頭、計五四万ドルの輸出も計画されていたが、この案件はリック・オバリーがイルカの水銀汚染を理由にドミニカで輸入許可取り消し運動を起こして成功し、輸出できずに終わった。

二〇〇七年、大洗水族館にオキゴンドウ二頭（一〇三〇万円）、中国・広州にバンドウイルカ四頭（二一〇〇万円）、中国・上海に同三頭（一二七〇万円）を売却。

二〇〇八年、トルコ、中国、韓国、ドバイ、イランにバンドウイルカなど合計三二頭、合計一億五〇〇〇万円ほどで売却。

二〇〇九年にも六月までの間にバンドウイルカ五一頭、オキゴンドウ四頭、ハナゴンドウ一頭、カマイルカ九頭、計六五頭が三億四五〇〇万円で売却されたことが分かっているが、[5] 町資産であるイルカの売却には町議会の議決が必要で、売却先や売却金額が透明となって活動家からの批判を受けやすくなる上にドルフィン・ベェイスなど民間業者との競合が激しさを増したため、二〇〇九年の年度途中から太地町はイルカ売却業務を町の第三セクターである太地町開発公社に移行。これによって販売先に関する一切の情報が秘匿された。

二〇一〇年の六月には、くじらの博物館で二四年間飼育されていた最後のシャチ、ナミが五億円で名古屋港水族館に売却されたが、ナミは翌年一月に死亡。名古屋港水族館ではわずか七ヶ月ほどの命だった。

太地町開発公社の体質を問題視した太地町議会議員漁野尚登は、公社に対してイルカの販売先などについての情報開示請求を行うが公社側は拒否。バンドウイルカは野生動物の国際的な商取引を規制したワシントン条約の付属書に掲載されており、輸出には経済産業省の許可が必要となるため、漁野は経産省にも情報開示を求めたが、省側はその可否を太地町に確認の上で開示を拒否した。それでも二〇〇九年から二〇一二年までの太地町開発公社決算報告書には販売頭数および販売価格の記載があったが、[6] 二〇一三年の決算報告書からは、販売頭数の記述もなくなった。

## エルザの会、JAZAに要望書を提出

二〇〇七年に鴨川シーワールドの館長に就任した荒井一利（一九五五―）がイルカ問題に取

り組むのは二〇〇八年、彼がＪＡＺＡの情報部担当理事に就任したことがきっかけである。二〇〇九年、ジェラルド・ディック専務理事らＷＡＺＡ幹部が来日した際、荒井は名古屋港水族館館長祖一誠（当時）からの連絡を受けて、南知多ビーチランド館長長谷川修平、しものせき水族館（海響館）館長石橋敏章らとともに、成田でＷＡＺＡ側とイルカ問題について協議した。この話し合いで、九月一ヶ月間に捕獲されたバンドウイルカは一切屠殺せず、ＪＡＺＡ加盟館はそのなかからバンドウイルカを購入する、生体を捕獲する場合には、追い込み漁（Drive Fishery）という名称を使わずに追い込み法（Herding Method）と呼ぶなどの条件で、ＪＡＺＡ加盟館の太地からイルカの購入についてＷＡＺＡ側と合意に達した。

この合意について、ＷＡＺＡ側は生体捕獲が行われるのは九月だけで、しかもその一ヶ月間は鯨種を問わず屠殺は一切行われないとの認識だったが、実態としてはバンドウイルカ以外の鯨種については九月にも食肉として屠殺することはあり、またバンドウイルカも屠殺対象となる一〇月以降もＪＡＺＡ会員館は必要に応じてバンドウイルカを調達するため、後々の火種が残った。

二〇一三年一一月一九日、エルザ自然保護の会の辺見栄はＷＡＺＡ倫理規定違反、資源の枯渇、経済活動を優先し生命を軽視する風潮への危惧、イルカ飼育が動物虐待に相当、などの理由を挙げて、ＪＡＺＡ会長山本茂行宛に、加盟水族館に対し追い込み漁で捕獲されたイルカの購入を禁止するよう求める要望書を送付する。

その年の暮れも押し詰まった頃、要望書に対する山本茂行JAZA会長名による一二月二七日付回答がエルザ自然保護の会に返送された。その全文は次のとおりである。

〈要望書に対する回答について〉

二〇一三年一一月一九日付のイルカに関する当協会への要望書につきまして、下記のとおり回答いたします。

記

当協会に加盟する国内一五一（ママ）の動物園水族館は、各種法令を順守し、動物の公開展示により、レクリエーションの場を提供し、種保存、教育・環境教育、調査研究等の社会教育的事業を行う施設として公的性格を有しています。

また、イルカの飼育展示についても、関係法令を順守するとともに適切に管理しております。

以上

山本の回答書を見た辺見は言葉を失った。JAZAからの回答について海外の団体から問い合わせが来ていたが、彼女はこの文面を翻訳することができなかった。

## 名物園長イルカ問題を語る

「エルザの会への回答については、組織としてはあれが限界だった。今までだったら返事もしなかったかもしれません」

JAZA元会長で富山市ファミリーパークの園長、山本茂行（一九五〇—）はいった。二〇一四年六月のことである。彼は二〇一四年五月末、任期満了により二期四年間務めたJAZA会長職を退いていた。二〇一三年一一月にエルザ自然保護の会からの要望書を受け取った時点で、彼はJAZAの方針について言及できる立場にはなかったのだった。

彼が富山市ファミリーパークの園長に就任したのは二〇〇五年、JAZAの会長に就いたのは二〇一〇年のことだが、富山市の中心から西に六キロほど離れた丘陵地に三三ヘクタールもの広大な敷地面積をもつ富山市ファミリーパークと山本茂行は、一九八四（昭和五九）年四月の開園以前から一心同体の関係だった。

一九八〇年、学生運動への幻滅を経て石川県の私立動物園に勤めていた彼は、生まれ故郷に近い富山市に新しい動物園が建設されるという話を聞いて富山市長宛に一通の手紙を送る。手紙は動物園に関する彼の信念を綴ったものだったが、富山市は直ちに彼を設立準備メンバーに誘い、長髪にジーンズという出で立ちだった彼は富山市ファミリーパークにその計画段階から関わることになった。

すでに計画は相当程度できあがっていたが、かなりの部分を山本が無理をいって変更した。彼が打ち出したコンセプトは「故郷の動物を故郷の人々に見せる動物園」である。

「富山は本州のど真ん中にあるから、本州に生息している動物の大半が富山県にいるわけです。逆にいうと富山にしかいない固有動物はいないんですね」

県議会の委員会では、なぜゴリラは入れないんだ、うちの庭にもいるようなタヌキなんか入れて誰が見に来るものかなど、彼は議員からの攻撃の矢面に一人立たされた。それではあなたはタヌキについてどれだけのことを知っているというのですか、そう山本は反論した。このままだと郷里富山の自然を全く知らない子どもが増えていってしまう。それで郷土愛が生まれると思うのですか。

孤立無援で針のムシロに座った一年だったが、臨時職員の契約が終わると山本はいきなり係長級の主査として県に正式雇用され、設立されたばかりの富山市ファミリーパーク公社に派遣される。以来三〇年間一度の異動もなく、彼はその半生を富山市ファミリーパークとともに歩んだのである。

一九九五年頃から役員としてＪＡＺＡに関わりだした山本は動物園界ではいわば異端児だったが、動物園嫌いを公言してはばからない彼は一流の理論派でもあって、上野動物園以外の園長としては二人目となるＪＡＺＡ会長に選出されたのだった。

ＪＡＺＡは単なる園館長のサロンではなく、加入することではっきりとしたメリットが生まれると山本はいう。動物園水族館に関する最新情報が得られるという点もメリットの一つだが、ＪＡＺＡに加入することで他の園館で生まれた動物を融通し合えるようになるのが大きなメリットである。すでに日本の動物園では野生動物を捕獲して飼育展示することは原則としてなくなってきており、それが世界の動物園の趨勢でもある。動物園間で繁殖個体を提供しあったり、遺伝子多様性を考慮しながら成熟した個体を移動させてペアリングしたりする。動物園は飼育している動物種の維持・保全に加えて、園内繁殖によって絶滅危惧種の個体数の拡大にも貢献し始めている。しかし水族館となると全く事情が異なる。

「一番大きな違いは、水族館は総体としてはいまだに海洋資源を消費している。だから事業そのものが動物園とは異質なわけです」

水族館は商業主義的な傾向が強いのも動物園との大きな違いだ。

「水族館ではアクリル水槽と人工海水の開発という技術的なブレークスルーがあった。その結果何が起きたかというと、中国の奥地にでも水族館が作れる、あるいは産油国の一〇〇階建てビルのてっぺんのカジノにでも水族館が作れる。それが今ビジネスになっているんです。水族館は儲かるという捉え方があるわけですね」

水族館におけるイルカの飼育について、山本はごく最近まで飼育下繁殖の努力が相当程度払われていると思っていたという。ところが二〇一四年、調べてみると太地町から水族館に搬入される生体イルカ頭数は彼の予想を超えて多かった（二〇〇五年から二〇一三年までの生体イルカ捕獲頭数は一一〇八頭。JAZA以外の園館向け、輸出頭数などすべて含む）。

「日本の水族館では、飼育下で繁殖したイルカがショーで使われていて、太地からはその頭数が不足したときに補充という形で入ってきていると思っていた。ところが繁殖の努力が思いのほかされていなかった。これは繁殖の努力とコストを考えたら、太地から買った方が安いということなんだよね」

山本はイルカの飼育やイルカショーのありかたについては徹底的な議論が必要だという。JAZAには倫理委員会があり、JAZAとしての倫理規定も持っている。しかし世界的な動物福祉・動物権利思想の趨勢からは乖離（かいり）があって、山本は会長退任前に倫理規定の見直し作業を始動させた。

「JAZAは、倫理規定に基づいておたくの動物ショーのやり方はおかしいですよということとはいいますし、場合によっては勧告を出す、あるいは除名をちらつかせる。動物の本来持っている習性や行動に合わないことはするなというのが原則なんですね。だから例えば動物に服を着せるということは、それ自体がおかしいわけです。本来イルカが持っている行動や習性をどう引き出して観客に見せるか、イルカのショーとはどうあるべきかという議論も必要になってくると思いますね」

「現代社会では情報がグローバルに動いていて、さまざまなステークホルダーがいますね。今までは国家という大きな単位で、国家間の関係や国内文化を中心に考えてきたけれども、これからは多様なステークホルダーの関係性の中で物事を見ていかなければならない時代になると思います。イルカ問題はその最たるものだと思う。今JAZAが方向性を誤ってはいけないのはそこなんです。JAZAや日本の水族館がやってきたこと、イルカに対してやってきたことに関して、これからは自分は常に正しいんだという観点で自分たちの主張だけをしていくべきではない。自分たちの考え方が世界の中でどう捉えられているか、しっかり把握・分析していかなければならない。今私たちはそういうところにきてるんじゃないかと思いますね」

二〇一四年五月二二日に開催された公益社団法人日本動物園水族館協会の通常総会において、任期満了により会長山本茂行は退任。同日付で新会長が選出された。

「イルカ問題は真剣に全力で当たらなければならない問題です。新会長にはこれをしっかり引っ張ってくれ、この問題はＪＡＺＡにとって大きな問題だからトップ・プライオリティで取り組んでくれという助言はしましたね」

ＪＡＺＡの新会長に選任されたのは、二〇〇八年のＪＡＺＡ理事就任以来、イルカ問題に取り組んでいた鴨川シーワールド総支配人兼館長、荒井一利である。一九三九（昭和一四）年一一月にＪＡＺＡの前身である日本動物園協会が発足して以来、動物園からではなく水族館から会長が選出されたのは彼が初めてのことだった。

## 鴨川シーワールド館長ＪＡＺＡ会長に就任

鴨川シーワールドは、その規模、飼育技術、さらには収益性からいっても、どう控えめに表現しても日本を代表する水族館の一館であるといえる。飼育されている動物は、鯨類だけをみてもシャチ四頭、バンドウイルカ一三頭、カマイルカ七頭、ベルーガ二頭、ネズミイルカ一頭、計二七頭と多い。一九九九年以来、鴨川シーワールドでは野生捕獲されたバンドウイルカは一頭も搬入されていないが、[7] これは一九九八年に繁殖用プールを設けるなど早くからイルカの飼育下繁殖に力を入れてきたからで、バンドウイルカ一三頭のうち八頭が館内での繁殖個体で、二〇〇二年には世界五例目となるバンドウイルカの人工授精による出産にも成功している。

鴨川シーワールドでは、バンドウイルカやアシカのショーも行われているが、この水族館最大の呼び物は初代館長鳥羽山照夫の悲願であり執念でもあったシャチである。鴨川シーワールドにおけるシャチ飼育史は、開館まであと一月と迫った一九七〇（昭和四五）年九月、二頭のシャチがアメリカから搬入されたことに始まるが、この二頭は三年余り生きただけで一九七四（昭和四九）年に相次いで死んでしまった。

鴨川シーワールドに再びシャチが姿を見せるのは一九八〇（昭和五五）年のことで、アイスランドからオス・メス一頭ずつが搬入されるが、オスは一九八三（昭和五八）年、メスも一九八七（昭和六二）年の五月に死ぬ。一九八五（昭和六〇）年には再びオス・メス二頭が入れられるが、一九八七年にはこのメスも死に、シャチはビンゴと名付けられたオス一頭だけとなってしまった。シャチは飼育下では三年生かすのがやっとなのではないかとささやかれた時代だった。

ところが同じ一九八七年、オーシャンスタジアムと名付けられたシャチ飼育・パフォーマンス専用のプールが稼働を開始すると状況は一変する。これは客席数二〇〇〇席、楕円形のメインプールは水量三五〇〇トン（長径三三メートル、短径二〇メートル、水深六・五メートル）という巨大な施設で、強力な冷却装置により真夏でも水温を二〇度以下に保てることが飼育環境の大幅な改善につながった。

翌一九八八（昭和六三）年の三月、鴨川シーワールドは満を持してシャチ四頭を搬入。この四頭が野生から捕獲した最後のシャチとなる。四頭のうち一頭は香港に売却されるが、残る三頭、オスのオスカーとメスのステラとマギー、そして飼育下四年目となるオスのビンゴの飼育は順調で、一九九八年一月、ビンゴとステラに第一子が誕生する(一九九五年にもマギーがビンゴの子を出産したが誕生後三〇分で死亡。マギーも第二子流産で一九九七年に死亡する)。その後も同じペアは三頭の子宝を授かる一方で、孤独な独り者だったオスカーも二〇〇八年、ビンゴ・ステラ間に生まれた一〇歳のメス、ラビーと晴れてカップリングを果たし、アースと名付けられた第三世代のオスが誕生した(現在飼育されているシャチ四頭はすべて館内繁殖個体)[8]。

イルカ、特にシャチの繁殖実績では国内他館を圧倒する鴨川シーワールドだが、荒井によるとアメリカのシーワールドには到底及ばないという(鴨川シーワールドと米シーワールドに資本など直接の関係はない)。

「凄いですよ。敵わないですね。もう何したって敵わない。技術が凄い。トレーニング技術、人工授精の技術。施設も凄い。彼らが作るでかいプールは我々の発想を超えています。日本が種子島(たねがしま)で細々とロケットの打ち上げ実験をしているときに、あちらでは月に行っちゃう、ことによると火星まで行っちゃう。アメリカってそんな国じゃないですか。その凄さですね」

一九七九(昭和五四)年、北海道大学水産学部の卒業と同時に鴨川シーワールドに就職した荒井一利の専門分野はアシカやアザラシなどの鰭脚類(ききゃくるい)で、シーワールドへの就職も鰭脚類の飼育係になりたいという単純な動機からだった。入社直後の鴨川シーワールドについて彼はいう。

「当時の鴨川シーワールドはどうだったかと考えると、やっぱり鳥羽山さんが凄い人だったので、動物の福祉には非常にうるさくて虐待なんて全くない。逆に人間が動物の奴隷みたいな扱いで、とにかく仕事が多かった。休む暇もなく働かされている。今でいうブラック企業でしたね」

彼が入社して間もなく、ある出来事が起きる。前年に入社した高卒の先輩が週刊誌に掲載されているアシカの写真を見せて荒井に質問したのだ。南アメリカアシカだと書いてあるが、これはオタリア（アシカの一種）ですよね。誰もが彼の専門が鰭脚類だと知っていたし大卒のメンツもある。いやこれはオタリアではありません、と荒井は答えた。これはカリフォルニアアシカの亜種で、南アメリカアシカというんです。全くの口からでまかせであった。その場をしのいだ荒井が後で調べてみると、南アメリカアシカとはオタリアの別名に過ぎなかった。

この一件を深く恥じた荒井はこの日から猛勉強を始める。朝五時から仕事。夜の八時に寮に帰って夕食を済ませると、密かに寮を出て近くに借りた木賃アパートで一二時まで勉強。居酒屋で一時まで飲んで寮に帰る。そんな生活が二年間続き、その努力は徐々に認められていった。

当時館長だった鳥羽山照夫について「いや怖いですよ。厳しいなんてもんじゃない、強烈ですよ。年中怒られていて、その記憶しかないですね」と荒井はいうが、人は彼を鳥羽山照夫の愛弟子と呼ぶ。

## 二〇一四年八月、世界協会と合意へ

二〇一四年三月二八日にスイス・グラン市でWAZA専務理事ジェラルド・ディックとリック・オバリー、辺見栄ら四人が持った会合で、辺見はJAZAの除名を求めて国内一六八団体が署名した誓願書を手渡したが、ディックはWAZAからの除名はJAZAへのコントロールが効かなくなって意味がないとして拒絶。代わりに次回のイルカ漁期が始まる二〇一四年九月一日までに、ディック自らが来日してJAZAおよび日本のNGO代表者と三者会談を持つことを約束した。

二〇一四年八月九日、約束通り来日したWAZA幹部とJAZA側がNGO抜きで事前協議に入った。WAZA側からはジェラルド・ディック専務理事、アクアリウム委員会副議長スザンヌ・ジェンドロン。JAZA側は会長荒井一利、専務理事長井健生（碧南海浜水族館前館長）、鯨類会議副代表幹事長谷川修平（南知多ビーチランド館長）、同石橋敏章（しものせき水族館館長）、鯨類会議事務局長加藤治彦（新潟市水族館マリンピア日本海館長）。他にブロンクス動物園に勤める日本人職員が通訳として同席した。

議論の焦点の一つが太地の追い込み漁からのイルカの捕獲がWAZAの倫理規定に抵触する

かどうかという点だった。仮に追い込み漁からのイルカ捕獲が非人道的な方法だったとしても、それがWAZAの倫理規定に触れているかどうかは微妙な問題だったのである。WAZAの倫理規定における「四　動物の獲得」節は次のようなものだ。

すべての会員は動物の出自が飼育下によるものに限定されるよう努力しなければならず、それは動物園間の管理によるものが最良である。動物の獲得前に、動物種に関する適切なコーディネーターを探索しなければならない。これは没収または救出の結果としての動物の受理を排除するものではない。野生からの動物の獲得に対しては、保護繁殖活動、教育活動または基礎的な生物学的研究に対する合理的な要求が高まっていることが認識されている。会員は、このような獲得が野生動物生息数に対して有害な結果をもたらさないことを確認しなければならない。[9]

野生動物の生息数を悪化させてはならないという記述はあるものの、動物の捕獲方法が非人道的であることを禁じる規定はなく、唯一「一二　外部野生動物の福祉問題」において、「WAZAは残酷で非選択的な方法による野生動物の採取に反対する」と書かれているにとどまる。さらに追い込み漁が「非人道的」かどうかについても本質的な議論がなされていなかった。

JAZA側は、追い込み漁に対するWAZAの基本的な認識が伊東市川奈・富戸における非常に古い記録映像によるものであることを踏まえて、太地で行われている追い込み漁を夥しい数の写真画像を交えて説明。漁船の船団が沖合いでイルカの群を発見する。扇形に船団を組んで音で威嚇しながら群を入江に追い込む。入江を網で封鎖する。屠殺が行われない限り、ここには一滴の流血もない。

WAZA側は代替捕獲手段が開発されるまでの二年間、イルカの捕獲を中止するモラトリアムを提案したが、JAZA側は現実的ではないとしてこれを拒否。WAZAは次善案として捕獲活動と漁の完全分離を求めたが、この点についてはJAZA側にも準備があった。

二〇一四／二〇一五年漁期より、バンドウイルカの群を追い込んだ場合に販売用途をJAZA会員用とするかどうかを漁師側があらかじめ決定する。JAZA会員用とした場合、追い込んだバンドウイルカは一頭たりとも屠殺せずに全頭を畜養。JAZA会員館は抽選順に畜養されている群からバンドウイルカを購入する。売れ残ったイルカは非JAZA会員にも販売して、残ったイルカは全頭リリースする。これならWAZAの要求を完全に満たすのではないか。

「問題として残っているのは、バンドウイルカ以外の鯨類を捕獲する場合です。JAZA会員館はバンドウイルカ以外の鯨種も入れることがある。その場合は屠殺される群から捕獲することになるから、今までと変わらないわけです」

それでもこれは大きな進歩だった。翌一〇日午前、同じメンバーは来日したリー・エミケWAZA会長に経緯を説明。午後からはエルザ自然保護の会の辺見栄ら日本のNGO代表者五人が招かれて決定事項が説明された。午後のミーティングは時間不足でNGO側に対する十分な説明がなされず、NGO側に不満が残ったが、八月二八日、荒井は鴨川シーワールドを訪れたNGO側と再度会合を持って詳細を説明。辺見からの文書による再度の質問にも丁寧に回答してみせて、NGO側も一定の進歩を認める結果となった。

二〇一四年九月に始まる漁期からは、JAZA会員用に捕獲されたバンドウイルカの群からの屠殺は完全になくなり、バンドウイルカ総体としても屠殺総数は減るはずだった。

当初の予想通り、二〇一四/二〇一五年漁期では確かにバンドウイルカの屠殺は減った。しかしそれは、あらかじめ想定されていた理由による減少ではなかったのである。

# 第八章　幕間劇「くじらの博物館訴訟事件」

「（アルビノの子イルカは）二頭のオスに追われ、常に虐められています。遊び場で虐められた子どもはある時点で遊び場を去ることができますが、彼女はこの場を去れないのです」

——リック・オバリー

「ものすごく仲いいですよ」

——くじらの博物館館長　林克紀

「くじらの博物館には『イルカは海のゴキブリである』という銘が掲げられている」[1]

リック・オバリーは叫ぶようにいい放った。

ときは二〇一四年五月一五日、ところは日本外国特派員協会の記者会見場。壇上に座っているのはオーストラリア人女性サラ・ルーカス、そしてリック・オバリーである。サラ・ルーカスはIWCの保護対象になっていないイルカなどの小型鯨類、特に太地町で屠殺されているイルカの保護と追い込み漁の廃絶を目的とするオーストラリア・フォー・ドルフィンズという保護団体を主宰している。彼女は会見の数日前、くじらの博物館から人種差別を理由に入館を拒否されたとして、父親のアラステア・ルーカスとともに博物館の所有者太地町を相手どって、入館許可および慰謝料など六七〇万四八四〇円を求める訴訟を起こしたのだった。

しかしこの訴訟には捻れた目的があった。

四ヶ月ほど前の二〇一四年一月一八日、畠尻湾に追い込まれたバンドウイルカの群のなかに、色素欠乏症（アルビノ）で全身が真っ白なメスの子イルカが発見され、その稀少性から同日くじらの博物館に搬入された。アルビノの子イルカは、イルカショープールのサブプールでしばらく飼育された後、一九七一（昭和四六）年に開館した博物館内の水族館施設「マリナリュウム」内のメインプール（水量六二〇トン）に移された。オバリーはこの子イルカに「エンジェル」と勝手に命名し、マリナリュウムの劣悪きわまる（と彼らが見なす）飼育環境を厳しく批判して「エンジェルを救え」という一大キャンペーンを展開していた。

記者会見の冒頭で、サラ・ルーカスは次のように述べている。

記者会見するサラ・ルーカスとリック・オバリー（Rodrigo Reyes Marin／アフロ写真提供）

本日はお集まりいただきありがとうございます。私たちは本日、オーストラリア・フォー・ドルフィンズおよびアース・アイランド協会「日本のイルカを救え」運動、および同協会ドルフィン・プロジェクトが、残酷なイルカ漁に関する初の訴訟を起こしたことを発表します。特にこの訴訟では「エンジェル」と名付けられた、非常に貴重なアルビノの子イルカを救うことに主眼を置いています。エンジェルは本年一月、イルカ漁の際に母イルカから離され、今は太地町立くじらの博物館の残酷な環境下で展示されています。博物館はエンジェルを観察しようと列をなしている人々の入場を認めず、純粋に外見上の理由からある種の人々を拒絶します。エンジェルのためのこの訴訟は、博物館が人種差別を禁ずる日本国憲法一四条に違反していることを主張するものです。法律家によると、これは非常に有利な訴訟だそうです。もし勝訴すれば、イルカ生活環境の観察者や専門家がエンジェルを見ることができるようになります。博物館は撮影を許可し、（エンジェルの飼育環境は）公の場で精査されることになります。私たちは、博物館が隠そうとしているものを世界中の観察者が見ることになればよいと思います。それはエンジェルの環境を人道的なものにするための圧倒的な圧力を生み出すことでしょう。

サラ・ルーカスに続いてリック・オバリーが発言する。

お越しいただきありがとう。私は太地に行くとエンジェルを観察しようと試みます。あの子はとても稀少なイルカで非常に暴力的に捕獲されました。捕獲の模様を記録したビデオがあります。彼女の全家族はあの子の目の前で惨殺された。彼女の母親です。営業上の見地からしてもそれは非常に愚かなことです。母親を殺して赤ん坊だけを連れ去れば、子イルカが生き残るチャンスは非常に小さくなる。こんなことも分からない人々が、イルカの世話について、他に(知るべきことの)何を知らないでいるのだろうかという気持ちになります。

くじらの博物館には「イルカは海のゴキブリである(Dolphins are the cockroaches of the sea)」という銘が掲げられている。その看板は今日もそこにある。行けば誰でも読めます。これを見れば、彼らがイルカをどう取り扱っているか、どう考えているか分かろうというものです。そしてこの同じ場所に多くのイルカたちがいるのです。

私が願っていることは非常に単純なことで、エンジェルをプールから出して、数百メートル移動させて、彼女が入れられている建物の前にある天然プールに一時的な生け簀を作る。そこで彼女を天然の海の中、潮や流れのある海の中に入れる。日よけも必要でしょう。

(中略)

私がとった記録映像があります。私はそこにはこっそり行かなければなりません。マスクをして帽子をかぶって。なぜなら西洋人の入場は許されていないのです。切符を買おうと切符売り場に行くと、「西洋人お断り(No Westerners)」とある。マイアミ海洋水族館に行ったら「日本人お断り」という看板があったというのと同じことです。これは人種差別であり違法です。それゆえ私たちは訴訟を起こしたのです。(中略)

エンジェルはシンボルです。あの地で起きているすべての事柄のシンボルなのです。世界中の何百万という人々が、これまであの入江で惨殺された何十万頭ものイルカのシンボルとしてあの子を見ている。だから私たちはこの訴訟が注目を集めることを願っています。エンジェルのためのこの訴訟行動は、世界的に非難されているイルカ漁について太地町役場が弁解する立場に追い込まれた最初の事例です。この訴訟には本当に力がある。だから私たちは行ったのです。金の問題ではない。

本当は私はエンジェルを伊豆諸島に連れて行きたい。東京都下伊豆諸島の人々は太地町とは全く正反対で、イルカを保護し尊重しています。イルカに名前を付けていて、実際に市民として扱われているイルカもいます。伊豆諸島にエンジェルを連れて行き、彼女がそこで快適に威厳を持って暮らすことになれば、エンジェルと日本にとってなんと素晴らしいことでしょうか。もし私に五〇万ドルほどあれば、私はあの子を今日にも買ったでしょう。

リック・オバリーのイルカへの愛は単純にも純粋だとは思うが、くじらの博物館には「イルカは海のゴキブリである」などという銘が掲げられたことは一度もなく、あるはずもない。またサラ・ルーカス父娘が提示されたのは「捕鯨反対の方は博物館には入館できませんのでご注意ください（Please note that antiwhalers are NOT allowed to enter the museum.）」という日英二ヶ国語で書かれたカードで、決して「西洋人お断り」などという人種差別的な文言ではなかった。しかしリック・オバリーは平気で事実を歪め捏造し海外に向けて情報発信を続ける。『ザ・コーヴ』と全く同じ構造である。

畠尻湾で行われているイルカ屠殺の模様を収めたビデオが上映された後、彼らはアルビノの子イルカを撮影したビデオを上映。ビデオ冒頭で子イルカが同じ屋内プールに入れられたスジイルカに追われているシーンが映り、オバリーは次のように説明する。

見てください。これは典型的な例で、あの子は二頭のオス（のスジイルカ）に追われ、常に虐められています。遊び場で虐められた子どもはある時点で遊び場を去ることができますが、彼女はこの場を去れないのです。彼女には極端なストレスがかかっており、それはストレス性の疾病を引き起こします。（中略）実際あの子は一年三六五日二四時間常に虐められ続けていて、逃げることができません。このようなストレスによってイルカは死にます。率直にいってあの子が今まで生き延びられるとは思っていませんでした。しかしきょう現在彼女は生きているので、希望はあります。[2]

くじらの博物館側はアルビノの子イルカやリック・オバリーの言動をどう見ているのだろうか。館長の林克紀（かつき）（一九五〇―）に聞いた。彼は太地町に生まれ、一九六八（昭和四三）年の高校卒業と同時に町職員となって博物館の開館準備にも携わった生え抜きである。

――オバリーたちの記者会見をご覧になりましたか。博物館には「イルカは海のゴキブリである」という看板が掲げられているとか、滅茶苦茶なことをいわれていますよ。

「ふん。そんなものあるわけがない」

――オバリーは、例のアルビノ・イルカをマリナリュウムの屋内プールから天然プールに移したいようなんですよ。それについてはどうお考えですか。

「最初はなんか日陰のところへ移せと。天然プールに移しても日陰とちゃうねん」

――シェードで日陰を作れといってますが。

「だけど太平洋に日陰なんてどこにあるの。考えられないことをいうんやけど。彼も飼育してた人間だったらそれくらい分かってると思うんやけど。太平洋に日よけはない。今のところよそに移す予定はない。飼育環境も非常にいいんでね。ストレスが溜まってないみたいなんですよ」

――オバリーは、二頭のスジイルカに常に虐められているといっていますが。

「ものすごく仲いいですよ」

――え、仲がいいんですか。

「ええ、見てもらったら分かるけど」

次は副館長桐畑哲雄（きりはたてつお）の見解。彼は鴨川シーワールドの出身で飼育係歴三五年以上というベテランである。

――リック・オバリーはアルビノの子イルカを天然プールに移させたいみたいですね。

「一番最初に（屋外のショープールのサブプールに）入れたときに、目の問題がありそうなのであそこで飼育してるんです。アルビノってまぶしいのが苦手みたいで、昼間は目を完全に閉じちゃう状態が続いていたので屋内のプールに入れています。今は順調なのでこのまま様子を見たいですね。それに外の生け簀よりも屋内のプールのほうが広いですよ。あのプールでは以前バンドウイルカを飼育していて、出産も子育ても上手くいっているんです。ですからバンドウイルカの飼育に適していないということはないし、熱交換器も入っていて夏は冷房、冬は暖房が入る。うちとしては一番優遇されたプールなんですね」

――なるほど。オバリーが記者会見のときにこれを見せたのですが（動画見せる）、彼はアルビノの子イルカがスジイルカに虐められているというんですよ。

「これがいつ撮影されたものなのか分かりませんが、イルカって新しいのが来ると、ちょっとした勢力争いになることはあるんですね。その程度の話ですね」

くじらの博物館の天然プール。奥の建物がマリナリュウム（著者撮影）

——今は虐められてないのですか。

「それはどの水槽で何を飼おうと多かれ少なかれあります。そこからコミュニケーションを取っていくわけで、断片的な映像の一瞬を捉えて判断するべきではありません。それはイルカの飼育をしている人だったら分かっているはずですけどね。彼は粗探しをしているだけだからいろいろいうでしょうけど、私たちは飼育係として全体の流れや様子を見ながら判断しています。今はスジイルカと仲よくしてますね」

——仲がいいんですか。

「スジイルカと一番仲がいい。ラビングといって、ひれとひれをこすり合わせてコミュニケーションを取る行動があるのですが、それもスジイルカとが一番多かった。最近はマダライルカとも出てきましたけど。少なくとも我々が見る限り、スジイルカとは非常に仲よくやっているという印象はありますね」

——将来的にあのイルカはどうされるおつもりですか。

「できれば繁殖に繋げたいですけれども、アルビノということで様々なデメリットを持っている個体ですので、それがどういうものなのかもうちょっと探っていきたいですね。今は採血ができたり体温が測れたり、そういった健康管理のための訓練を進めていますが、飼育状況をもう少し見極めたい。将来的な収容場所についても、あの個体にとってどこが一番いいか検討してやる必要はあるとは思います」

——アルビノのイルカをこうやって飼っていることは重たい十字架を背負っているようなもので、もし仮にあのイルカが死んだら強く非難されると思いますが、その辺どうお感じですか。

「そりゃまあ確かにね、ここまでいくとね、非常にプレッシャーと重圧感を感じますね。確かにあのイルカはハンディを背負ってますから、そういう意味では配慮はしてやらなきゃいけないなとは思ってます。今のところはあのプールに移動したというのが一番特別な配慮ですね」

——なるほど、分かりました。じゃあオバリーがいっていることは。

「私には理解できません」

## リック・オバリーは語る

二〇一四年九月二日、その前日のジャパン・ドルフィンデー（後述）に合わせて太地町にやってきたリック・オバリーに真意を問うた。

——あなたはなぜアルビノのイルカ「エンジェル」に特別な価値があると思うのですか。

「彼女がシンボルだからだ。彼女が他のイルカよりも価値があるとかないとか、そういうことではない。だが彼女は非常に白く美しく、際立っているとはいえる。だから私たちは彼女をシンボルにしたんだ。あの入江で死んだ、恐らくは何百万というイルカのシンボルとして、この地で苦しんでいるすべてのイルカのシンボルとしてね」

——あなたはあのイルカを天然プールに移したいようですね。もっといいのは伊豆諸島に連れて行くことだと。

「そうなればパーフェクト、完璧だ。伊豆諸島の人々は太地とは正反対だ。人々はイルカを尊重して保護している。くじらの博物館にいるよりはるかにいい」

——彼女を虐めているというスジイルカはどうなりますか。

「彼らもだ。全部。すべてのイルカを移すべきだ」

——（マイアミ海洋水族館時代のリック・オバリーが捕獲に参加したアルビノ・イルカである）カ

ロライナ・スノーボールと何か感情的な関係はありますか。

「ああ。ともにアルビノのイルカだったし、私がマイアミ海洋水族館でイルカを捕まえていたことは知っているだろ。カロライナ・スノーボールは私が初めて捕まえたイルカだった。だから彼女は私たちとイルカや海との関係全般について思いださせるんだ。私たちは金儲けのために彼らを悪用した。これはイルカとの関係に限らない。イルカの生息環境である海を救わずしてイルカを救うことはできない。海を救おうとすれば具体的な出発点が必要だ。私の場合はそれがイルカだったのだ」

——あなたがかつてイルカハンターでトレーナーでもあったために、あなたは日和見主義者だと批判されることがありますね。

「もし私がそうなら、今頃私はカリブ海に浮かぶバハマ島で『リック・オバリーのドルフィンショー』みたいなことをやっているよ。そうすれば私は一年で五〇〇万ドルも稼いでいるだろう。日和見とはそういうことだ」

——太地での追い込み漁は、「イルカ」追い込み漁と呼ばれていますね。誰も「クジラ」追い込み漁とはいわない。イルカ（dolphin）は他の鯨類、例えばゴンドウ（pilot whale）やイシイルカ（Dall's porpoise）とは異なる特別な存在ですか。

「あの入江で殺される動物はすべて純粋なイルカだ。ゴンドウやオキゴンドウだってイルカだ。シャチでさえ一番大きなイルカだ」

――(県別イルカ捕獲量データを見せる) 岩手では太地より遥かに多い頭数のイシイルカが殺されてきたのはご存じですね。あなたは岩手のイルカについては何もしないで見殺しにしてきた。その点についてどう正当化しますか。

「まず第一に、私は正当化する必要はない。私が何もしないのは岩手では沖合いで漁が行われているからだ。陸からは見えないし写真を撮ることもできない。私にできることは何もないんだ。船もないしね。だがあの入江では見ることができる。私の目の前の出来事だからね。(岩手の) イシイルカは沖合い二五マイルの出来事なんだ」

――ところで、あなたは記者会見でくじらの博物館には「イルカは海のゴキブリである」という看板があると。

「ああ、確かにね、ああ。昨日、朝の七時半に博物館に行って看板を探してみたがなくなっていた」

――看板について誰があなたに知らせたのですか。

「覚えているのは一〇年ほど前、私が博物館にいるときに誰かがあそこに『イルカは海のゴキブリである』と書かれているよと教えてくれたんだ。もちろん私自身は読めないんだが。写真を撮っておけばよかった」

——その看板はかつてはあったと考えているのですね。

「そう。かつてはあったんだ」

——誰が翻訳してくれたんですか。

「あー、ちょっと分からない。ええと、君はボイド・ハーネルを知っているね」

——ええ、ジャパン・タイムズの記者ですね。

「彼なら何か覚えているかもしれない。彼とは何回もここに来ているから」

——でも常識的に考えて、そんな銘が掲げられていたとは思えない。だって彼らはイルカショーをやっているんですよ。

「博物館の人たちはそんなものないといっているのかい」

——ええ。

「そうか。ええと、じゃあ多分私の間違いだったんだろう。多分そうだ。だがボイド・ハーネルに確認してみないと。それから日本人の女性と結婚して近くに住んでいるオーストラリア人もいる。彼は読めたはずだ。だが、うーん。多分私の間違いだったんだろう。私も間違うことがある。誰しもが間違うことはある」

サラ・ルーカスらが太地町を訴えた「くじらの博物館訴訟事件（正式名称：平成二六年（ワ）第二二九号入館拒否国家賠償請求事件）」の第一回公判は二〇一四年七月四日、和歌山地方裁判所第一〇一法廷で開かれたが、リック・オバリーは姿を見せず、原告側は高野隆弁護士らの他にはサラ・ルーカスだけが出廷。原告側弁護士の冒頭陳述に続いて訴訟人サラ・ルーカス本人が法廷に立って、概略次のような陳述を行った。[3]

短い陳述の時間をいただきありがとうございます。英語で話さなければならずすみません。ゴメンナサイ。私は日本語を勉強していますが、法廷で使えるほどには上達していないのです。私はこの陳述のためにオーストラリアからやってきました。（中略）

今年の二月、父と博物館を訪れました。父はオーストラリアで実業家をしています。父はここに来られなくて申し訳ないといっていました。私たちにはオーストラリアからきた『六〇ミニッツ』のテレビクルーが付いてきていました。彼らがチケットを買って、私たちは中に入りました。父と私はイルカショーを静かに見ていました。父は自分のカメラで何度か写真を撮りました。イルカショーが終わって私たちはプールの前でカメラに向かって静かに話していました。博物館からはいかなる指示もありませんでした。しかし突然博物館職員がぞんざいに出て行くように伝えました。理由がありません。料金は払い戻されませんでした。
　裁判長、私が強調したいのは、私たちは全く混乱を引き起こしていないということです。私たちは平和的で秩序を守っていました。他の客は一人として苦情をいっていませんでした。父と私は博物館の中をほとんど見ていません。数日後、また博物館に行きました。あまりにも酷い状況なので入館の状況を撮影しようとしました。すると「反捕鯨者の方は入場できません」と書かれたラミネート加工されたカードが提示されました。私たちは（反捕鯨なのか）尋ねられておらず、この職員と会ったこともない。ですから彼女は私たちの外見だけからそう判断したに違いないのです。職員が示したラミネート加工されたカードの提示は外国人にだけ向けられた英語で書かれていました。
　彼女は気が進まない様子でしたが、カードを提示しました。困惑した様子でした。彼女は写真に撮られることを明らかに恐れていました。（中略）
　博物館が私と父の外見をちらりと見ただけで、もめ事を起こす人間だと決めつけるのは許されないと思います。私は日本を訪れてこのような扱いを受けて傷付きました。私が特に辛かったのは私が二級市民として扱われたことです。博物館の対応で、私が人間的に傷付いたということ以外にも、動物福祉に関心のある人が動物園や水族館に入ることは必要なことだと思います。なぜ私が訴訟しなければならなかったのか、理解していただければと思います。

このとき二九歳だったサラ・ルーカスはしおらしく演技しているが、その後論点整理のために非公開で交わされた原告および被告側準備書面によって明らかになったのは、原告側のあまりにも身勝手な主張だった。

二〇一四年二月五日正午頃、ルーカス親子二人とオーストラリア人の女性キャスター、そして四人のテレビクルーと日本人弁護士二人、通訳一人、合計一〇人のグループがくじらの博物館を訪れた。イルカ漁の漁期中のことで、数人の警察官が彼らに密着して監視している。ちょうど昼時で職員が出払っており、チケット売り場で対応したのは館長の林克紀だった。彼は「反捕鯨の方は入場できません」というカードを見せて一旦はチケットの販売を拒否したが、日本人通訳女性が「観光目的です」と何度もいったので、チケットを売り入場を許可した（この通訳者は陳述書の中で「観光目的です」とはいっておらず、「アンチ・ホエーラーじゃありません」といったと主張しているが、林によると彼女ははっきり「観光目的」だと何回もいったという）。

入場した彼らは、イルカショープールの前でルーカス親子の談話を撮影し始め、それを見た館長林克紀、副館長桐畑哲雄の二人が撮影現場に近づいて、副館長が「責任者は誰ですか」と尋ねると、彼らはそそくさと撮影を中止して列をなして退館した（原告側準備書面では、撮影が終わった頃窓口の男性〔林〕が他の職員〔桐畑〕を連れてやってきて弁護士と会話を交わし、弁護士が「出ましょう」といったので撤収したという)。

四日後の二月九日正午頃、ルーカス親子二人が再び博物館のチケット売り場に姿を現した。父アラステアは手にしたカメラで動画を撮影している。窓口の女性職員は、カードを提示して二人の入場を拒否したが、それは四日前に彼らが無許可でテレビ用のビデオ撮影をしているからで、人種差別によるものではない。くじらの博物館では二〇〇九年九月、リック・オバリーが無許可で記者会見を開いて混乱が起きていた。二〇一一年には、元来はラッコ飼育用の狭い水槽で飼育されていたマダライルカの様子が撮影されてインターネットにアップロードされ、虐待飼育だとさんざん非難されて、結局マダライルカの飼育は中止に追い込まれた。[4] 前歴がある彼ら二人の入場を拒否するのは当然の措置だと思うが、しかしサラおよびアラステア・ルーカスは事実をねじ曲げて第三者に伝え、そしてこのたびは司法にも訴えている。

彼ら活動家に対する博物館職員、そして太地町民の怒りは深く静かに広がっている。

§

訴訟の一件があってから、くじらの博物館は、リック・オバリーら活動家の入館を拒否しなくなった。シーシェパードのメンバーであってもオーストラリア・フォー・ドルフィンズのサラ・ルーカスであっても、世界中の誰もがアルビノの子イルカを観察し撮影できるようになったのだ。リック・オバリーは二〇一四年九月にも二〇一五年一月にも太地を訪れて、彼がエンジェルと名付けたアルビノのバンドウイルカを観察し写真や動画に収めているが、そこに写っているのは、見るたびに大きく健やかに成長している子イルカの様子だけで、スジイルカがアルビノのイルカを虐めている動画は以来一度も撮影されていない。

「エンジェルを救え」運動はすっかり勢いを失って萎んでしまった。

太地町を訴えたサラ・ルーカスらの目的は失われてしまったが、判決は二〇一五年の後半にも下される予定だという。そしてリック・オバリーらが悪意と偏見から誤って伝えたくじらの博物館に関する中傷発言だけは、今もネット上で再生され続けている。

# 第九章　夏は終わりぬ

「もう何十年とやってますけどね、こんな不漁は初めてですよ」

——太地町漁協組合長　脊古輝人

（二〇一四／二〇一五年漁期を終えての感想）

「鯨類というのは、貪り捕ったらだめです。私はそう思います」

——農学博士　粕谷俊雄

空は青く高く、そこには絵に描いたような入道雲が浮かんでいる。日差しは強い。むき出しの肌には痛いほど太陽が照りつける。二〇一四年八月。和歌山県太地町の夏は素晴らしい。

そんな太地町唯一の海水浴場がくじら浜海水浴場である。周囲を切り立った荒々しい崖に囲まれたW字形の小さな入江に作られた海水浴場で、くじらの博物館からは徒歩でほんの数分。誰もが無料で使える公衆トイレとシャワー付きの簡単な更衣室を備え、大きな無料駐車場もある。海の家もなく出店の類もほとんどない素朴なくじら浜海水浴場は、シーズンになると色とりどりのテントやビーチパラソルが並び、家族連れで賑わう。波打ち際は砂浜ではなく磯辺なので素足で歩くには少々難儀するが、眼前には男性的で荒々しい海岸線が広がる。これが熊野灘だ。かつて太地の男たちが巨大なクジラと戦った古式捕鯨の海なのだ。

くじら浜海水浴場最大の呼びものがゴンドウである。毎年海開きが終わると、浜から二〇メートルほどの地点に設けられた生け簀にくじらの博物館で飼育されているゴンドウが搬入されて、毎日午前一一時と午後一時の二回、海水浴客と同じ海に放たれる。くじら浜海水浴場は、世界で唯一、クジラと泳げる海水浴場なのだ。生け簀のあたりの水深は三メートルから四メー

海水浴客で賑わうくじら浜海水浴場。2014年８月（著者撮影）

トルほどで遠浅というわけではないが深いわけでもない。泳力のある大人は一息で泳ぎ、子どもは浮き輪に助けられて生け簀までたどり着くと、親切にも設けられているはしごを登って生け簀の上に立ち、中のゴンドウを見下ろすことができる。水から上がって四メートルはあろうかというゴンドウを眺めると、鯨類とはつくづく凄い生き物だと実感する。

例年八月二五日前後の最終日曜日がくじら浜海水浴場のシーズン最終日となる。この年二〇一四年のシーズン最後の日曜日は八月二四日だった。この日も朝から色とりどりのテントで賑わったが、翌二五日には浜に人影はなく、前日の夕方博物館に戻されたのかゴンドウの姿もない。この日は朝から生け簀の撤去作業が始まったが、作業は一日では終わらず、生け簀が完全に撤去されたのは翌二六日午前のことだった。

生け簀がなくなると、くじら浜海水浴場は正式名称畠尻湾に戻る。この入江がイルカが追い込まれる「ザ・コーヴ」であり、陸からは見えない影浦と呼ばれる崖の向こうの小さな入江にイルカが追い込まれて屠殺される。

道路を挟んで入江の前に設置されている太地町臨時交番は夏の間人気がなく、スライド式の門扉も堅く閉ざされていたが、その日門扉は開かれて交番前の駐車スペースに六台の警察車両がずらりと並んだ。パトカーが二台、覆面車両が三台、そして大型のワンボックスカーが一台。ワンボックスカーの窓にはカーテンが引かれていて中をうかがい知ることはできない。この交番はイルカ漁に反対するシーシェパードなどの活動家対策のために毎年開設されるもので、専門に配属された警察官たちが二四時間体制で活動家の違法行為を監視する。

一台のパトカーが赤色灯を煌めかせて町内の巡回を始めた。日差しはまだ強かったが太地町の夏は終わり、イルカ漁の季節が訪れた。

## 二〇一四年ジャパン・ドルフィンデー

太地町のイルカ追い込み漁が解禁となる毎年九月一日、イルカ漁に反対の声を上げるイベント「ジャパン・ドルフィンデー」が世界各地で開催される。イルカ漁のグラウンド・ゼロである太地にはリック・オバリーなど世界各地の活動家が畠尻湾に集って反対集会を開く。

二〇一四年は前日の八月三一日が日曜日だったため、一日早いこの日から抗議活動は始まった。午前一〇時頃、活動家を乗せたバスがくじら浜海水浴場駐車場に到着。揃いのTシャツを着た彼らはバスを降り、警察官が警戒するなか畠尻湾の浜に降りる。といって彼らはそこで何をするということもない。活動家にとってはジャパン・ドルフィンデーであるこの日、太地に来ているという事実こそが重要なのだ。「イルカを救え」などと書かれた横断幕を広げて記念撮影された彼らの画像は次々とフェイスブックなどのインターネットメディアにアップロードされていく。

ジャパン・ドルフィンデーはリック・オバリー率いる「ドルフィン・プロジェクト」主導の活動で、ドルフィン・プロジェクトとシーシェパードは活動方針が異なるため活動をともにすることはない。それでもこの日、シーシェパードのメンバー三人が畠尻湾に姿を現した。その一人に話しかけてみると「私は話せない」といわれる。昨シーズンには気軽に会話できたが、情報管制がきつくなっているようだった。彼は「こちらの彼が話を聞きたいそうだ」とリーダーとおぼしき中年男に私を紹介した。

——話を聞けますか。

「シュア、もちろん」

――名前を聞いてもいいですか。

「イエス。デヴィッド・ハンス」

――お国は。

「US」

――いつシーシェパードに入ったのですか。

「ええと、六年くらい前かな」

――これまでにどんなキャンペーンに参加しましたか。

「陸と海で行われるすべてのキャンペーンに参加したよ」

――では南極海に行ったことは。

「ハハ。それは美しいところだ。とてもとても美しい」

――太地でのキャンペーンの目的は。

「我々は日本と太地の法律規則を遵守しようとしているので、できることには限りがある。ここでしようとしているのは世界中に、いまだにこの地で起きていることを知らせること。今も続けられているイルカやクジラの恐るべき屠殺や捕獲に光を当てて、全世界に太地のイルカ漁が今も続いていることを知らせることだ」

――もし漁師たちが屠殺を止めて、水族館のための生体捕獲だけを行うようになったらどうですか。

「私たちはイルカやクジラの捕獲や飼育には断固として反対している。海の動物は海に属していて、飼育するべきではないんだ。飼育されると鯨類の寿命は短くなり、健康上大きな問題が生じる。イルカやクジラは彼らがそこで栄え自由の身である海に属しているんだ」

——彼らがイルカを殺すのを止めても、太地には来続けると。

「もし漁師たちがイルカを水族館に送り続けるなら、イエス、私たちは太地に来続けるだろう。イルカやクジラを飼育するというのは、本質的に彼らを殺すのと同じだ。屠殺は一瞬の出来事だが、イルカを飼育するということは、彼らを終身刑に処すということだから」

——シーシェパードのメンバーになるにはどうすればいいか説明してくれますか。

「もちろんだとも。メンバーになりたければ、我々のウェブサイトにアプリケーションフォームがあるから、それに記入する。技能と経歴を書いてね。寄付だけすることもできるよ。シーシェパードは基本的にボランティア団体だから組織の大多数はボランティアで構成されていて、給料をもらっているわけじゃない。ここに来るのも全部自腹だ。飛行機、ホテル、食事、すべてが自前だ」

——シーシェパードはビジネス、つまり金儲けのために活動していると考えている人は多いですよ。

「そう、私たちが金のために活動していると思っている人は多いね。だけど実際には自分たちの金と時間を使い、家族や仕事、あらゆることを犠牲にしてここに来ている。それほど海と海の動物について真剣になって取り組んでいるんだ」

——ところであなたは普段何をしているのですか。学校の先生とか。

「私立探偵（private investigator）だ」

——私立探偵。フィリップ・マーロウみたいな。

「イエス。あんなに有名じゃないけどね。でもイエス」

翌九月一日。リック・オバリー率いるドルフィン・プロジェクトに同調する四〇人ほどの活動家たちは、一〇時過ぎに畠尻湾に集合して太地町役場まで行進。しかしそれはデモと呼べるような統制のとれたものではなく、太鼓やラッパなどの鳴り物もシュプレヒコールもない。何より彼らを取り囲んでいるのは警備の警察官とメディア関係者だけで、あたりに地元住民の姿は全く見えない。彼らはスマホなどで自撮りしながら、一キロほどの道のりをだらだらと歩いていく。

町役場に到着すると、リック・オバリー、富戸の元イルカ漁師で今は反イルカ漁に転じてイルカ・ウォッチングなどを営んでいる石井泉（一九四八—）、そして通訳の日本人女性の三人が役場に入り、三軒一高町長に面会を求めるが、町側は当然拒絶する。オバリーらはイルカ漁の

ジャパン・ドルフィンデーの抗議活動。2014年9月1日、太地町役場前にて（著者撮影）

廃止を求める誓願書を町職員に渡すと、役場前に横断幕を掲げて参加者全員で記念撮影。太地町における二〇一四年ジャパン・ドルフィンデーのこれが一部始終であった。

活動家は無責任で独善的である。特に海外のイルカ活動家が水銀問題に言及するたびに私は不快な気持ちになる。彼らは日本国民の健康問題などには全く関心がなく、イルカ追い込み漁廃絶のための方便として水銀問題を持ち出しているに過ぎないことがはっきり分かるからだ。それでも彼らがイルカ漁反対を訴えてデモ行進などをしているだけならまだよいが、目的達成のためには手段を選ばず、自分が反対する行為を為す相手を嫌悪してその人格までをも否定すれば、反対運動はテロリズムに堕する。

なぜルーカス親子は事実を平然とねじ曲げて

まで太地町を訴えたのか。それはくじらの博物館がイルカに対する悪の中枢だと見ているからである。なぜリック・オバリーは「くじらの博物館には『イルカは海のゴキブリだ』という銘が掲げられている」などといったのか。それは彼がくじらの博物館を世界最大のイルカブローカーだとして嫌悪しているからである。彼らの嫌悪と偏見が、彼らの見る博物館像を歪めさせ、彼らの行動から常軌を奪ったのだ。

リック・オバリーはシーシェパードとは一線を画し、平和的なイルカ活動家であると自他ともに認めている。しかし太地に滞在中の彼は、自分の顔を一部フレームに入れつつ、コンビニで買い物をしているイルカ漁師を盗撮して「今私の後ろに恐ろしいイルカ殺しがいる」などとフェイスブックにアップロードしている。イルカ漁師に人権や人格を認めていない点で、彼の中にもテロリズムが潜んでいる。

都市部ではヘイトスピーチに対する健全な反対運動が勢いを見せている。ヘイトスピーチは何としても撲滅しなければならないのと同じように、イルカ漁反対運動に内在するテロリズム的要素についても、私たちは断固として反対し、戦わなければならない。

だが、傲慢不遜な彼らに対する反発から、私たちのなかからイルカ漁について虚心坦懐(きょしんたんかい)に考えようとする気運が失われてしまったこともまた事実である。私たち日本人は、太地町で行われているイルカ漁について真剣に考えてみることなく、反イルカ漁運動に対する反発心から

「イルカ漁は日本の文化なのだ」などと安直な主張を繰り返しているに過ぎないのではないか。

## 記録的不漁だった二〇一四・二〇一五年漁期

二〇一四年九月一日、イルカ追い込み漁解禁。ただし一日は強風のために休漁となって、翌二日が今期初の出漁日となった。午前五時一九分、一二隻のイルカ追い込み船団は、岸壁でカメラを向けるシーシェパードのメンバーが見守るなか出港したが、時化のため九時前に早々と帰港。翌三日も群を発見できなかった。

四日、今期初めて鯨群を発見して追い込み態勢に入るも失敗。その後一週間以上群が発見できずにいた一二日、追い込みに入るがまたも失敗。翌一三日も失敗。

九月一六日、ようやく畠尻湾への追い込みに成功。今漁期初の獲物はハナゴンドウ一〇頭余りで、全頭が食肉として屠殺された。翌一七日、翌々日の一八日も追い込みに成功したが、獲物はまたもハナゴンドウだった。

九月が終わってみると、この一ヶ月間で成功した追い込みはわずか五回で、三回がハナゴンドウ、二回がコビレゴンドウだった（二六日および二八日）。イルカは一頭も捕れなかった。九月中にイルカが一頭も捕れないのは近年例がないことである。

一〇月は記録的な不漁の一月だった。追い込みに成功したのは三日と二一日の二回だけで、

畠尻湾で追い込みの模様を見つめるシーシェパードのメンバー。2014年1月（著者撮影）

獲物はまたもハナゴンドウである。イルカはまだ一頭も捕れていない。

一一月二日、ついにバンドウイルカの追い込みに成功。しかしこの月にイルカが捕れたのはこれ一回限りで、この月に成功した九回の追い込みのうち、他の八回はすべてハナゴンドウだった。

一二月。ようやくイルカが捕れだした。七回成功した追い込みのうち、スジイルカ（マダライルカを含む）四回、ハナゴンドウ二回、コビレゴンドウ一回。バンドウイルカもスジイルカとコビレゴンドウに混じって二回捕れている。

二〇一五年一月。一一回成功。うちバンドウイルカは二回。

二〇一五年二月。七回成功のうちバンドウイルカは二回。

今漁期最後の出漁日は二月二五日だったが獲物はなかった（ただし四月末までは対象をゴンドウに絞った漁には出ることがある）。

二〇一四／二〇一五年漁期全体の捕獲傾向を見ると、スジイルカとハナゴンドウは例年並みだったが、バンドウイルカとコビレゴンドウについては極端な不漁となった。

イルカ漁期を終えた太地町漁協組合長の脊古輝人は「もう何十年とやってますけどね、こんな不漁は初めてですよ」という。

「やっぱり温暖化も要因なんかなあ。とにかくもう不漁だったですよね。スジイルカだとかそういうものはもう豊富に何万と生息してますけどね、コビレゴンドウ、バンドウイルカは極端に少なかった」

〈二〇一四／一五年漁期捕獲頭数〉

バンドウイルカ（捕獲枠五〇九頭）　捕獲七二頭、生体四〇頭、屠殺三二頭。
スジイルカ（捕獲枠四五〇頭）　捕獲四四三頭、全頭屠殺。
マダライルカ（捕獲枠四〇〇頭）　捕獲八一頭、生体二八頭、屠殺五三頭。
カマイルカ（捕獲枠一三四頭）　捕獲七頭、生体六頭、屠殺一頭。
コビレゴンドウ（捕獲枠一四七頭）　捕獲七五頭、生体二頭、屠殺七三頭。

ハナゴンドウ（捕獲枠二六一頭）　捕獲二五九頭、生体八頭、屠殺二五一頭。
オキゴンドウ（捕獲枠七〇頭）　捕獲ゼロ。
合計　捕獲九三七頭、生体八四頭、屠殺八五三頭。[1]

二〇一四／二〇一五年漁期で捕獲枠に達したのはハナゴンドウだけで、他の鯨種では枠を大幅に下回っている。捕獲実数との乖離が激しい鯨種については、毎年捕獲枠が見直されてはいる。例えばバンドウイルカについては、前漁期の五五七頭から五〇九頭へと捕獲枠が減らされた。しかしそれでも捕獲実数は捕獲枠を大幅に下回っており、全体としてはイルカやゴンドウは毎年捕れるだけ捕っているのが実態である（最近では親子イルカはリリースされており、また需要を見て値段が暴落しないように一部を逃がすことはある）。捕獲枠の設定が資源管理の体をなしていないのだ。

東京大学農学部水産学科の出身で、鯨類研究所、東大海洋研究所を経て水産庁遠洋水産研究所に勤め、三重大学および帝京大学教授を歴任した粕谷俊雄は一九八〇年代、太地沖のバンドウイルカとコビレゴンドウに資源悪化の兆候が現れていることに気付いて警鐘を鳴らしてきた。彼は次のように書いている。

漁業関連のデータというものはつねにノイズが多いし、ほしい情報がいつでも入手できるとは限らないものである。そのような状況のもとで十分なデータが得られて資源減少が確信されたときには、資源は壊滅寸前にあって、事態は手遅れになっているのが普通である。[2]

これまで日本はことごとく鯨類の資源管理に失敗してきた。伊豆のスジイルカが激減してしまったのもその一例である。粕谷はいう。

「スジイルカについて私の記憶に一番残っているのは、資源の減少はまだ統計的には有意とはいえず資源が悪くなっていることは証明されていない、だから捕り続けるといわれて、さらにデータが蓄積して減少が有意になったら、その水産庁の担当者、今度は『私が思うに、沿岸に来ていたスジイルカが何らかの理由で沖合いに移ったに違いない』という。去年（二〇一三年）のIWCで日本の代表の一人に、これは依然として日本政府の見解ですかと尋ねたら、そうだといっていましたよ」

「水産物を資源管理する上で、立証責任というものがあるわけですね。今IWCなどでは立証責任は利用側に置かれてきていますが、日本では保護側にあったのです。立証責任を保護側に置くと、利用側はダミー仮説をいくらでも出せる。保護したい人たちあるいは科学者は、ダミー仮説を打ち破るためにいろいろ仕事をしなきゃならない。そして結局、資源が危険な状態になるまで保護が行われない。そういうシステムは依然として残っている。特にイルカについてはね」

——太地のイルカ資源についてはどうお考えですか。

「私は資源管理上非常に問題が多いと思う。捕獲枠の設定自体が信頼できる資源診断に基づいていない。それともう一つは捕獲頭数に漸減傾向が見られるでしょう。その点から見てもよくないと思っている。動向が危険だと思います」

——水産庁は資源管理をしていないのですか。

「水産庁という官庁の使命というか本質的な性格として、既存の漁業は維持育成するという精神がありますね。スジイルカの場合もそうでしたが、沖縄のジュゴン保護のために、現地の小規模刺し網漁業をコントロールしてくれないかと水産庁に陳情に行ったことがある。だけど現存漁業の縮小につながる保護対策は水産庁の門を出ない」

粕谷俊雄はしばらく口をつぐんだ後、ぽつりといった。

「鯨類というのは貪ったらだめです。貪り捕ったらだめです。私はそう思います」

# 終章　イルカと人間の現在

「本当にダビデとゴリアテの戦いのようでしたね。ゴリアテと戦って蹴飛ばしてやったんです」[1]

――オーストラリア・フォー・ドルフィンズ代表　サラ・ルーカス

「国際的な問題にしようと反捕鯨団体がやっていることにＪＡＺＡが屈服した。我々は漁業者を今後も守っていくし、漁をやめない」

――太地町町長　三軒一高

（二〇一五年五月二一日、自民党捕鯨対策特別委員会での発言）

二〇一五年四月二二日、世界動物園水族館協会（WAZA）は日本動物園水族館協会（JAZA）の会員資格停止を発表した。

世界動物園水族館協会評議会は今週、日本動物園水族館協会の会員資格を停止することを満場一致で決議しました。この決定は、JAZA会員園館が日本の追い込み漁からイルカを入手している問題で、WAZAとJAZAが合意に達することができなかったために下されたものです。

WAZAは野生からの動物採取に際し残酷で非選択的な方法の使用を禁じており、全会員に対しその方針を遵守するように求めています。

WAZAは何年にもわたって、JAZAおよびその会員が太地の追い込み漁からの動物の捕獲を中止するよう、JAZAに対して協調的に対応しようと試みてきました。この追い込み漁におけるイルカの屠殺については、毎年国際的な関心と批判を集めており、かねてよりWAZAは他の組織とともにこの漁に反対の立場をとっています。

ＷＡＺＡは、昨年東京で開かれたＪＡＺＡとの会合において、ＪＡＺＡが会員園館に対して追い込み漁からの動物の捕獲について二年間のモラトリアムを設けることを提案するなど、この問題を解決するために常に努力を払ってきましたが、モラトリアムはＪＡＺＡによって拒否されました。（中略）ＪＡＺＡはイルカ捕獲方法に制限を加え、動物福祉的な向上をもたらすガイドラインの変更を提案しましたが、それは追い込み漁からのイルカ捕獲を制限するものではないため、ＷＡＺＡ評議会は満足のいく合意には達しなかったと結論し、日本協会の資格停止が議決されました。（中略）

追い込み漁による野生生命の喪失を食い止めるために、ＷＡＺＡは引き続きＪＡＺＡおよびその会員との議論を続けていくことを強調しておきたいと思います。[2]

すでに見たように（七章）、二〇一四年八月、ジェラルド・ディック専務理事らＷＡＺＡ幹部とＪＡＺＡ側の二日間にわたる会合で、太地の追い込み漁からのイルカの生体捕獲方法について、ＪＡＺＡ園館用に追い込んだバンドウイルカは一頭たりとも屠殺しないということで両者は一定の合意に達していた。

二〇一四年一一月にインドで開かれたＷＡＺＡの総会でもイルカ追い込み漁に関する議論はされており、場合によってはＪＡＺＡが資格停止になるかもしれないという話は出ていたが、しかしこのたびのＪＡＺＡの会員資格停止処分の発表はいかにも唐突だった。

この決定の影には、ＷＡＺＡに対する活動家の圧力があった。オーストラリア・フォー・ドルフィンズ（ＡＦＤ）のサラ・ルーカスである。くじらの博物館入館拒否訴訟事件は彼女の身勝手な茶番劇だったが、二〇一五年三月に始まるＷＡＺＡに対するＡＦＤの攻撃は効果的だった。三月一四日、フェイスブックにアップロードされた動画の中で、虐待されている象や小さい檻に閉じ込められたシロクマの映像なども交えながら太地のイルカ追い込み漁の映像が流れた後、サラ・ルーカス自身がカメラを見つめて語りかける。


これらの動物たちは生き地獄の中にあります。苦しみ傷つき、怯えています。小さな檻に閉じ込められて、神経症的にいったりきたりしています。そして動物の福祉に貢献していると主張している組織が、実際にはその会員が恐ろしい動物虐待に手を染めているのを認めているのです。

その組織とはＷＡＺＡ、世界動物園水族館協会です。ＷＡＺＡの会員やその関係組織が、日本の太地で行われている商業的なイルカ漁に関わっているのです。彼らは家族から暴力的にさらわれたイルカを購入しています。残されたイルカたちは漁師によって屠殺されてしまいます。

恐ろしい捕獲は、動物に対してWAZA会員が行っている虐待の一例です。WAZAはその会員が太地からイルカを購入することを止めなければなりません。そうなれば漁は大打撃を受けるでしょう。水族館がイルカの購入を止めれば、イルカの屠殺を続ける理由はなくなるのです。

しかしWAZAは、イルカを救おうとはせず、そして他の動物が会員によって虐待されていても行動を起こそうとはしないのです。オーストラリア・フォー・ドルフィンズは、「WAZAの責任を問う」グローバルキャンペーンを開始しました。[3]

AFDのこのキャンペーンに対して、ヴァージングループのリチャード・ブランソンや、『動物の解放』の著者で一九八〇年にはデクスター・L・ケイトを弁護するために長崎地裁の法廷にも立った哲学者ピーター・シンガーらがいち早く賛同の意を表明。さらにサラ・ルーカスはWAZAをジュネーブ民事裁判所に訴訟する構えも見せたが、実際の訴訟手続きに入るまでもなくWAZAは降参して四月二二日、JAZAの資格停止処分を発表したのだった。JAZAは太地からのイルカの入手を続けるかどうか一ヶ月以内に回答を迫られた。イルカの捕獲を続ければJAZAはWAZAから除名となり、繁殖プログラムへの参加といった国際的な動物園ネットワークの恩恵が受けられなくなる。WAZAから除名されると困るのは動物園だが、その原因となるのはWAZAから受ける恩恵の少ない水族館だという捻れた構図である。

回答のタイムリミットが翌日となった五月二〇日、JAZAは午後一時から開催した理事会での協議を終え、午後六時より会長荒井一利らJAZA幹部による記者会見が開かれた。会見冒頭で荒井は次のように述べた。

2015年5月20日、記者会見する荒井一利JAZA会長ら（産経新聞社撮影・写真提供）

それではWAZAのイルカ問題に対するJAZAの意志決定についてご報告を致します。JAZAの決定事項と致しまして、先ず一番目、WAZAへ残留することを要望致します。二番目、WAZA会長へ、別紙WAZAへの通知書の通り、送付致します。三番目、JAZA会員園館は追い込み漁で捕獲されたイルカの入手は行わないことと致します。四番目、JAZA会員園館は飼育イルカの繁殖を促進する取り組みを協力して行います。以上です。[4]

決定はWAZAに残留か離脱かを問うJAZA全会員一

五二園館による投票結果（残留九九、離脱四三、無効七、無投票三）を踏まえてのことだったが、JAZA会員は動物園八九、水族館六三という比率だから、WAZA残留が決まるのは当然のことだった。

荒井は記者会見の席上で、この意志決定が追い込み漁自体に対する批判ではないことを強調した。

先ほど申し上げましたように、私どもは太地の追い込み漁、あるいは捕鯨の文化を批判しているわけでも非難しているわけでもありません。WAZAの要求により、追い込み漁と生体（の捕獲）を分離する方法を検討して回答いたしましたが、残念ながらそれを認められなかったので、このような結論に至っておりまして、必ずしも日本の文化や太地の追い込み漁について批判をしているわけではございません。

追い込み漁自体が残酷かどうかという点についても、荒井は「JAZAは一貫して追い込み漁は残酷な手法ではないということを主張」しており、どの部分が残酷なのかと問い合わせても回答はなかったとWAZAへの不満を滲（にじ）ませた。

後日（二〇一五年六月九日）彼の真意を確認したところ、これは「屠殺を伴わない生体捕獲のための追い込み」について言及したもので、水産業としての追い込み漁については「ノーコメントです。私がとやかくいう問題ではない」という。しかし彼は「腹の中では（食物とするための動物の屠殺について）残虐もくそもないだろうっていう気持ちはありますけどね」とも付け加えた。

イルカ問題を知る日本人の多くが、追い込み漁だけがことさらに残酷だと海外から非難されるのは不当だと感じている。イルカ漁批判が日本人（＝アジア人）に対する人種差別的感情に根ざしていると考える向きも多い。しかしメルボルンでのインタビューに答えて「ベストケースのシナリオ通りになりました」と誇らしげに応えたサラ・ルーカスは、追い込み漁を止めるために、白人組織であるWAZAを痛烈に攻撃したのだった。

これからは太地から中国へのイルカ輸出を止めるために活動していくというサラ・ルーカスは、ごく稀にしか来日せず、漁師に対するハラスメントなどは決して行わず、漁の様子をビデオ撮影することもない。その彼女が運動成果を上げたことで、シーシェパードはビデオ撮影以外のことは何もしようとしない無能な活動家グループだという見方も出始めている。

イルカ漁反対運動の潮目は変わった。私たち日本人は、彼ら活動家が残酷だと訴えるイルカ漁について、今こそ真正面から考えてみるべきなのではないか。

## イルカと牛豚、屠殺方法の違い

イルカ漁反対運動に対する国内の反論として最もよく聞くのが「牛豚、鶏は平気で殺し食しているのに、どうしてイルカの屠殺だけを問題視するのか、おかしいではないか」という理屈である。和歌山県知事仁坂吉伸は煎じ詰めればそのようにいっている。また本多勝一のように「インドでは牛を神聖視して殺さないが、他国で行われる牛の屠殺にまで反対しない。日本で行われているイルカの屠殺に反対するのはアメリカ的覇権主義である（＝余計なお世話だ）」という論理もある。どちらの反論も見落としているのが、今日太地町で、そしてかつては伊東市川奈・富戸で行われていたイルカ追い込み漁におけるイルカの屠殺方法は、牛豚を屠殺する場合とは異なっているという点である。動物として牛豚とイルカが違うのではなく、イルカと牛豚とでは屠殺方法が違うのだ。

牛を屠殺する場合、牛の額の中央をノックガンで撃つ。撃たれた額の骨は陥没し、牛は崩れ落ちる。この時点で牛の心臓は動いているが意識は完全になくなっている。牛には筋肉反射を抑えるために電気パルスが流されて、その間に頸動脈が切断されて出血死に至る。豚の場合は炭酸ガスで失神させた後に出血死させる。牛の場合、意識ある状態にあるときの打撃はノックガンによる最初の一撃だけで、豚の場合はそれさえもない。[5]

野生動物を狩る場合はどうか。猟には網を使うものもあるが、シカやイノシシなどの哺乳類相手の猟はもっぱら銃猟か罠猟である。罠猟の場合、猟師は獣道の何箇所かに罠を仕掛け、獲物がかかっていないかどうか毎日巡回する。シカなどの獲物が罠にかかっていると、脚を罠につかまれた動物はつながれた犬のような状態になっている。猟師は獲物にそっと近づいて、手にした棍棒(こんぼう)に渾身(こんしん)の力を込めて獲物の頭部を打撃する。獲物は即死はしないが意識を失って崩れ落ち、猟師はすかさず獲物にかけより頸動脈を切断して出血死させる。野生の哺乳類を狩り屠殺する場合であっても、意識ある動物に対する打撃は一回だけだ。

太地町のイルカ追い込み漁の場合、C・W・ニコルが見たように（六章）、そして『ザ・コーヴ』に記録されているように、入江に追い込まれてひしめき合っているイルカやゴンドウは、二〇〇七年漁期まではボートの上から長い銛でめった刺しにされて殺されていた。いうまでもなく、それは死ぬまでに何十分もかかる恐怖と苦痛に満ちた残酷な死である。

この当時の屠殺方法について、太地町漁協組合長の脊古輝人は「まあ情けない。ぼくらもあの映像見たらね、わあこんなことやっとったんかって反省しています。本当に反省しています」という。

これは実に率直で人間的な温かみがある発言だと私は思う。

この屠殺方法は二〇〇八年一二月から改められて、[6]イルカやゴンドウの屠殺には、デンマーク領フェロー諸島のゴンドウ漁で使われている刃先がダイヤ形の特殊なナイフが用いられるようになった。イルカやゴンドウを浅瀬で押さえつけておいて、このナイフで噴気孔の後ろをグサリと刺すと、延髄が切断されてイルカは即死するという。

現在屠殺は青い防水シートで覆われた岸辺で行われるので、イルカやゴンドウが屠殺される様子を確認するのは容易なことではないが、活動家はこの屠殺現場の撮影にも成功している。ネット上を流通しているその映像を見ると、即死したというイルカの尾びれはゆらゆらと数分間動いているようにも見える。しかし仮にこの尾びれの動きが完全な筋肉反射で、イルカはナイフで刺された瞬間に死んでいるとしても、イルカの屠殺方法は、牛や豚などの家畜、またシカやイノシシなどの野生哺乳類を対象とする猟での屠殺と比べても、苦痛と恐怖が長く持続する残酷な死であると断ぜざるを得ない理由がある。

青い防水シートで覆われた岸辺を上から見下ろせるたかばべ園地と呼ばれる崖上のポイントがある。屠殺現場は直接は見えないものの、そこからは入江に追い込まれたイルカが、青い防水シートの下に姿を消していくのが辛うじて見える。イルカは防水シートの下に姿を消して、しばらくするとシートの外側の海水が桜色に染まっていく。

それは決して『ザ・コーヴ』で見られるトマトジュースのような深紅ではなく、ほんのりとした桃色なのだが、イルカやゴンドウの血液によるものであることに変わりはなく、そしてそれはナイフで延髄が切断された傷からの出血ではない。延髄を切断する際に噴気孔の後ろにできたナイフの刺し傷には速やかに木栓がされて出血が食い止められているからだ（現在太地では屠殺時の放血処理は行われていない）。

脊古輝人はいう。

「イルカだったらきょうは五〇頭揚げるぞとなると五〇頭分の尻尾を縛るわけです。それで前のカーテン閉めて殺すわけ。その五〇頭を集めるまでにバタくるでしょ。それで傷したりなんかして血が出る」

入江に追い込まれたイルカは、一頭また一頭と尾びれにロープをかけられ船外機付きのボートなどで青い防水シートの下の浅瀬に引きずられ押さえ込まれ、噴気孔の後ろをナイフで刺されて屠殺される。ロープで牽引されるイルカは自分が殺されることを理解して、ロープから逃れようと死に物狂いで暴れる。まだロープをかけられていない他のイルカもこれから自分たちが殺されることを知り、なんとか逃れようと暴れ、時には岸辺にも乗り上げる。そうして彼らが絶望的な逃走の努力をしている際に、体を磯辺の岩などにぶつける。

海水が淡い桃色に染まるのは、そのとき受ける傷からの出血なのだ。

牛も豚も、山のシカもイノシシも、意識があるときに受ける打撃は、あったとしても一撃だけで、打撃を受けるまえに自分が殺されることを理解して必死で暴れるようなことは決してない。

イルカは賢いから殺してはならぬなどという気はない。しかしイルカは他にはゴリラやチンパンジーなど一部の霊長類だけが有する自己認識力を持っている。鏡を見せれば中の鏡像が自分だと分かるのだ。

どう低く見積もってみても、牛や豚と同等程度の知能を持つことは確実であり、ことによると霊長類よりも知能が高いかもしれないイルカやゴンドウが、牛や豚に対しては決して行われない残酷な方法で、しかも群単位で屠殺されている。その事実は事実として知っておかなければならない。

## 動物福祉的価値観とイルカ漁

動物の屠殺について考えるとき、私たちは無意識のうちに哺乳類や鳥類と魚類の間に一線を引いている。漁師は毎日何千何万という魚類を多くの場合窒息させて殺しているが、それは苦痛が長引く残酷な死であり、もしも哺乳類や鳥類を魚類と同じように窒息死させれば、殺し方が残酷だとして強い批判を受けるだろう。

しかしアジやサバのような小型魚ならともかく、大型のマグロやブリを殺す場合はどうだろうか。いとう漁協の日吉直人はイルカの屠殺について「ブリを殺すのも同じじゃん」という。高度な知性を備える哺乳類イルカの屠殺をブリの場合と同じと見なすとは、なんと野蛮で残酷な人種なのだと批判するのは簡単なことだ。しかし漁師たちは、大型魚の屠殺現場がイルカのそれに負けず劣らず凄惨なことを知っている。イルカの屠殺が残酷で非人道的な行為だというなら、魚の屠殺がそうではないと否定することはできなくなる。だから彼らは、海の生き物と陸の生き物の間に線を引いて、イルカと魚を同一視する。網に掛かったマグロを引き上げる際に鋭い鉤（かぎ）状のフックを鰓蓋（えらぶた）や体側に刺して引き上げることは普通に行われている。だからイルカも同様に扱う。イルカの体を鉤で刺して船に引き上げる。時には噴気孔にもフックをかける。

彼ら漁師は、海の生き物を日々大量に屠殺するのが仕事なのだ。そして彼らは強烈な矜持を持っている。誰のお陰で食卓に魚が上がっていると思っているのだ、漁師が獲った魚を喜んで食べておきながら、よくも俺たちを非人道的だなどと非難できるな、と。

だからといって漁師がどのような漁法で海産物を捕ってもいいということにはならない。動物に対して人道的な扱いを求める欲求は世界的に日々強くなっている。魚類に対してはさほど顕在化していないが、一部の高級魚で行われている魚の神経系を物理的に破壊して殺す「活き締め」は、そのまま窒息死させるよりも人道的な屠殺方法だと見なされ始めているし、カナダ動物管理協会はタコやイカなどの一部無脊椎動物にも動物実験からの法的な保護を与えている。イギリスでも実験動物としてのマダコが保護対象となった。[7]

少々古い思い出だが、フライフィッシングに天才的な才能を持ちながら、若くして破滅する悲劇的な青年の短い生涯を描いたロバート・レッドフォード監督、ブラッド・ピット主演『リバー・ランズ・スルー・イット』（一九九二年）のエンドロールの最後に「この映画の制作過程において、殺されたり傷つけられたりした魚は存在しない」との注釈が現れて、私は思わず笑ってしまった。フライフィッシングが主要なモチーフになっているのに、映画に登場する魚は一切傷つけられていないと釈明しなければならないとはなんという矛盾だろうか。私にはこの動きが最終的にどこにたどり着くのか分からない。しかし動物により高度な福祉を与えようという動きはグローバルなもので、解決できない矛盾と少々の滑稽さを含みながらも、決して止まることのない大きな潮流なのだ。

鯨類と人間の関係も時代とともに変化してきた。一九六九（昭和四四）年の七月、くじらの博物館の天然プールに放たれた三一頭のゴンドウのうち一八頭は一ヶ月ほどで死んだ。その翌年の一九七〇（昭和四五）年七月にも一八頭のゴンドウが搬入されたが、翌年一月までに全頭が死んだ。また畠尻湾で一九六九年八月に行われた古式捕鯨ショーは、今は禁止に向かっているスペインの闘牛と同じように、今日では決して許されない見世物だろう。だが半世紀前は飼育技術も低く、動物福祉に対する意識は今日ほど先鋭化していなかった。社会的に十分許容される範囲だった。

一九五五年に開館したマイアミ海洋水族館では、アドルフ・フローンとジミー・クラインの二人が、そして後に『フリッパー』専属の調教スタッフになるリック・オバリーが、イルカにストローハットを被せサングラスをかけさせ、胴体にスカートをはかせてフラダンスに見立てテール・ダンスをさせるといったスタントショーを嬉々として行い、観客は滑稽に擬人化されたイルカの芸を屈託なく楽しんだ。今日では動物の擬人化は動物福祉的・倫理的に許されなくなってきている。

興行師P・T・バーナムに起源を持つ豪華絢爛（けんらん）・悪趣味サーカスの権化（ごんげ）のようだったリングリング・サーカスは二〇一五年三月、このサーカスのシンボルであり、長くショーのクライマックスを飾り続けた象によるショーを三年後をめどに中止すると発表した。[8] 全米では毎年一〇〇億羽近いブロイラーが屠殺されているにもかかわらず、[9] アメリカ動物愛護協会の長年の活動努力が実って、二〇〇八年八月、アメリカ合衆国全州で闘鶏が禁止された。[10] EUは一九九九年、「すでに定着している場合（＝フランス）」を除き、フォアグラの生産を禁じた。[11]

そんな現代社会の中で、イルカ追い込み漁は動物福祉的価値観からは最も遠い極北点なのだ。

## イルカ飼育は虐待か

ここ数年、イルカやシャチなど小型鯨類の飼育に対する反対運動が強くなっている。理由の一つがドキュメンタリー映画『ブラック・フィッシュ』（日本未公開）である。『ザ・コーヴ』

の初公開から四年後の二〇一三年一月、『ザ・コーヴ』と同じようにサンダンス映画祭で初公開された『ブラック・フィッシュ』は二〇一〇年二月二四日、フロリダ州のシーワールド・オーランドで、ティリクムと名付けられたオスのシャチが女性トレーナーを溺死させるという事故を中心に、同じシャチが一九九一年二月にも他施設でトレーナーを溺死させていることを暴露。その原因として一九八三年にアイスランド沖で捕獲されてからの虐待的な飼育環境が、ティリクムをサイコパスのような異常性格に陥れたというストーリーを展開し、シーワールドにおけるシャチの飼育を痛烈に批判している。

『ブラック・フィッシュ』DVD

この映画のために、ビーチ・ボーイズ、ウィリー・ネルソン、REOスピードワゴンなどの著名アーティストが二〇一四年にシーワールド・オーランドで予定されていたコンサートへの出演を中止し、同年一一月には会社の株価が前年比五〇%にまで下落した。『ブラック・フィッシュ』を巡っては、制作手法が恣意的で偏向しているなど、映画に登場したシーワールドの元トレーナーらからの批判が相次いでおり、その基本的な構図は『ザ・コーヴ』の場合と同じだ。

しかし『ザ・コーヴ』そして『ブラック・フィッシュ』がどれほど偏向していたにせよ、太地町で年間千頭前後のイルカが屠殺され続け、ティリクムが少なくとも二人のトレーナーを殺したことは事実だった。二〇一〇年三月三一日付ABCニュースによると、二〇一〇年にティリクムに殺された四〇歳の女性トレーナー、ドーン・ブランショーの直接の死因は溺死ではあるが、ティリクムは彼女の長いポニーテールをくわえて引きずり回したため、検死の結果ブランショーは脊椎骨の一部が粉砕骨折し顎の骨が折れ、片肘片膝を脱臼していた。[12]

「アメリカのシーワールドには何をしたって敵わない」と語ったJAZAの現会長で鴨川シーワールド館長でもある荒井一利は、米シーワールドで起きたシャチによる死亡事故について、どう捉えているのだろうか。

「オスのでかいシャチにはそういう傾向があるということですね。ウチでも事故は起きてますから。それから向こう（米シーワールド）はプールがでか過ぎるんです。だから人間が逃げて来られないんです」

「動物は人間に危害を加えようとしているわけではない。ただ動物ですから怒ることはあります。そのときに人間側の対応が悪いと事故につながるんですね。シャチに限らず象だって危険といえば危険なわけです。事故は悪い条件が重なったときに起きるので、その点については十分注意しなければいけないと思いますね」

――オスの場合、飼育下ではどうしても背びれが曲がってしまいますね（自然環境ではピンと直立しているオスのシャチの高い背びれは、飼育下では十分な水流がかからないため、重力に負けてぐんにゃりと曲がってしまう）。

「あれは問題ですね。オスの大きなシャチは背びれが曲がらないようなプールで飼えばいいんでしょうけど、どれだけ広いプールが必要なのかという話になりますね。でも将来的には、そんなプールができるかもしれません」

――狭いところで飼育されることで、シャチに心理的なフラストレーションが溜まるということはないでしょうか。

「あると思いますよ、狭いのは事実ですから。それとオスのシャチは単独で飼われることが多いので、[13] いろいろな問題があるでしょうね。そういう点で事故が起きやすくなるというのは事実だと思います」

――動物園や水族館では、飼育動物にある程度のストレスがかかるのは止むを得ないという前提があるということですか。

「そうです、そうです」

――イルカ水族館に対するイルカ活動家の意見として、イルカを飼うことが絶対悪であり、一刻も早く世界中のイルカ水族館が閉鎖されるべきだという主張がありますね。

「それも一つの考え方だとは思いますが、一般の人たちは生のイルカを見られないというのは、文化としてどうでしょうか。イルカだけじゃなくて、シーラカンスだって私は見てみたいしシロナガスクジラだって見てみたい。高度に発達した社会のなかでは、倫理性の問題を十分踏まえた上で生き物を見る、見せるという文化がある。そこには素晴らしい点もあります。それが全くなくなるというのは寂しいなと思いますね」

WAZAへの残留を決めたJAZA会員水族館は、もはや太地からイルカを入れることができなくなった。目の前の熊野灘で捕れるイルカやゴンドウを飼育することができなくなったくじらの博物館は、遠からずJAZAから自主的に脱退するか、または除名される道を選ぶことになるだろう。

イルカを飼育しているJAZA会員水族館は、今後イルカの補充を水族館内の繁殖個体だけで賄(まかな)わなければならなくなったが、いち早く繁殖に取り組んできた鴨川シーワールドでさえ、繁殖用プールを設置した一九九八年からの延べ出産例は一七例、一九七〇（昭和四五）年の開館からの鯨類全体の全出産例も三五例に過ぎない。[14] それでも一九九九年以来、館内繁殖個体だけでバンドウイルカの館内需要を満たしてきた鴨川シーワールドが、今後イルカの人工繁殖についてどうリーダーシップをとるべきか、荒井は今頭を悩ませている。

イルカ水族館に対する批判のもう一つの理由が、（七章でも触れたが）サラ・ルーカスが訴えたように、国内外の水族館が太地から生体イルカを購入することがイルカ追い込み漁を経済的に成立させているという主張である。食肉としてのイルカの利用は実は副次的なもので、イルカ追い込み漁の真の目的は生体のバンドウイルカを水族館に高値で売ることにあり、多くのイルカが生体ビジネスの巻き添えとなって屠殺されているというものだ。太地町では古くからコビレゴンドウとスジイルカの腹肉は好んで消費されてきたので、この二種の鯨種については活動家の主張はあたらない。しかしバンドウイルカが追い込み対象となったのは（三章で見たように）くじらの博物館で飼育するために生け捕りにするのが目的だった。

太地の生体イルカ販売ビジネスは一九八〇（昭和五五）年から本格化していくが、水族館側の選別基準は厳しい。理想的なバンドウイルカは体に傷がなく、人間でいえば中学生にあたる二メートル四〇センチ前後のメスである。太地町漁協組合長の脊古輝人によると、バンドウイルカは漁協が直接生体として販売する場合、一頭四〇万円から七〇万円の間だという（二〇一三／二〇一四年漁期の価格）。

「ぼくらが始めた頃は二一メーター六〇やったらどんどん行きよったです。だけと今はそのサイズだといらないと。じゃあ値段を下げてこれでどうですかといったら、それだったら買いますよと。そんな流れでね。だからランクによって一頭が四〇万から七〇万の間です」

水族館の選別から漏れたバンドウイルカの多くは屠殺される。

——食肉としては一頭いくらになるんですか。

「スジイルカやったら去年（二〇一三／二〇一四年漁期）だったら四〇〇〇〇円、五〇〇〇〇円ですよ」

——バンドウイルカはどうですか。

「バンドウの肉は量的には採れるから一万円前後かな。もっとするかな。量によって違いますけどね、ごそっと揚がったら安くなるし」

——それにしても安いですね。

「安いです。だから我々はね、ここで解体しても一つも魅力ないです。油代も出ない」

それでもコビレゴンドウは大きいものなら一頭で八〇万円ほどにはなるというから、食肉としての売り上げは圧倒的にコビレゴンドウが多く、二〇一四／二〇一五年漁期に屠殺されたスジイルカ四四三頭の売り上げは（一頭四五〇〇円として）二〇〇万円弱、捕獲された七二頭のバンドウイルカのうち殺された三二頭のバンドウイルカの売り上げは（一頭一二〇〇〇円として）四〇万円に満たない。イルカの命の値段はあまりにも安い。

太地町漁協関係者によると、シーシェパードなどのイルカ漁反対運動が沈静化するなら、屠殺は止めて水族館への生体販売だけに絞ってもいいのではないかという議論が数年前から起きているという。JAZA会長の荒井もまた、バンドウイルカについては屠殺を止めて生体捕獲だけにしてほしいと漁協に求めたことがある。しかし警察は生体捕獲だけに絞っても反対活動は止まらないとの見解で、水産庁も食肉としての屠殺がなくなれば水産業ではなくなってしまうとの理由で、生体捕獲のみの操業は認可しない方針だという。イルカの屠殺が続いているのは、硬直的な行政の体質にも原因がある。

サラ・ルーカスなどの活動家は、イルカ漁を廃絶に追い込むために、太地から水族館へのイルカの供給を絶とうとしているが、逆に追い込み漁が水族館向け生体イルカの捕獲だけを目的として、イルカの屠殺が一切行われなくなれば、状況はかなり変わるだろう。WAZAが太地のイルカの捕獲を禁じる根拠は弱くなる。シーシェパードのデヴィッド・ハンスは、屠殺が終息しても生体捕獲が続くならキャンペーンは続けるというが、二〇一四／二〇一五年漁期にバンドウイルカが追い込まれたのは、混獲も含めてわずか七回に過ぎない。半年間の漁期期間中、屠殺を伴わない一〇回に満たない追い込みを記録するために「飛行機、ホテル、食事、すべてが自前だ」という彼らは、それでも太地にやって来るだろうか。

すべての物事には始まりと終わりがある。水産業としての太地町の近代追い込み漁は、ゴンドウを対象としたものは一九七二（昭和四七）年前後、スジイルカやマダライルカを対象とした追い込み漁は一九七三（昭和四八）年、そしてバンドウイルカの追い込みは一九七五（昭和五〇）年に始まった。辺見栄などの活動家は「太地町のイルカ追い込み漁は一九六九年に始まったもので歴史でも伝統でもない」と主張しているが、実際には彼女の主張よりもさらに新しいといえば新しい。しかしゴンドウの追い込みが偶発的にはかなり以前から行われていたことも確かなことで、そう考えれば長い歴史と伝統があるともいえる。

古い文化であり伝統であるのか、比較的新しい近代的な漁だと捉えるのか、恣意的にはどちらとも解釈できると思うが、古いと見ようと新しいと解釈しようと、今日まで続いている太地町の近代追い込み漁の成立過程は一つしかなく、そこには若き博物館職員や老練の鯨漁師清水勝彦らの努力と奮闘があり、町長庄司五郎のもとで観光立町へと大きく脱皮しようとしていた太地町の将来への夢が託されていた。

§

一九七四（昭和四九）年五月二八日の庄司五郎の逝去以来、和歌山県太地町は方向性を失ったように見える。一大レジャーセンターになるはずだった常渡地区はくじら浜公園となって、一九七七（昭和五二）年五月には捕鯨船第一一京丸が陸揚げされて定置展示され、それは二〇一二年には全長七〇メートルの第一京丸に代えられたが、計画では一二区画あったホテルへの分譲地に建てられた大規模観光ホテルは二棟だけで、あたりは閑散としたままだ。

観光立町のために行われた追い込み漁は、漁船のＦＲＰ化という技術革新にも後押しされて、効率が非常に高い鯨類追い込み漁業として定着した。商業捕鯨がモラトリアムに入った一九八〇年代末には、バブル景気と重なってイルカやクジラの肉は莫大な利益を漁師にもたらし、一九八〇（昭和五五）年に本格化した生体イルカの販売ビジネスは、漁師や漁協だけではなく町の財政自体を直接潤した。

安倍晋三首相は、漁は相当の工夫がなされている、そして厳格に管理されていると述べた。しかしその工夫されたというイルカの屠殺方法は、依然として先進国におけるあらゆる哺乳類の屠殺の中で突出して残酷であり、しかも残念なことに厳格な資源管理などされていない。太地町沖の鯨類資源、特にバンドウイルカとコビレゴンドウは消耗が激しく、このままの状態で追い込み漁が続けば、この二鯨種はやがて熊野灘から姿を消すだろう。

ここ一〇年以上、静かなくじらの町、太地町はグローバリズムと環境テロリズムの大波に晒されて、激流に浮かぶ木の葉のようにもまれ続けた。クジラと人、イルカと人の関係は動物福祉運動という大きな潮流の中で、くじらの博物館の開館から半世紀のうちに大きく変わった。

パンドラの箱は開いて、最後に残ったのは希望ではなく枯渇だった。

一九六九（昭和四四）年の開館初年度に入館者数二〇万人を突破し、一九七五（昭和五〇）年頃には五〇万人に届こうかという人気を誇った太地町立くじらの博物館は、その後入場者数が減少し続け、二〇〇九年には一四万人あまり、二〇一一年には九万四〇〇〇人、二〇一三年には八万七〇〇〇人にまで落ち込んだ。[15] それでも飼育技術は開館当初とは比較にならないほどの進歩を見せて、世界で唯一、飼育が難しいとされるスジイルカの長期飼育にも成功した。今は捕獲可能なイルカおよびゴンドウ全七種約三五頭が飼育され、あれこれ批判にさらされながらもイルカはショープールで、そしてゴンドウは天然プールで日々スタントショーを披露している。

三好晴之や雑賀毅、現館長林克紀らが汗まみれになって準備したクジラの内臓標本やホールの吹き抜けに吊るされた巨大な骨格標本、そしてセミクジラの実物大模型と勢子舟を組み合わせたジオラマ展示は、今となっては古びて目を瞠る観光客もなくなったが、開館当時と何も変わらずきょうもひっそりと展示され続けている。

# あとがきに代えて

本書が完成するまでの間に、多くの方々から善意のご助力をいただきました。取材にご協力くださったすべての皆さまに厚く御礼申し上げます。

静岡県伊東市川奈・富戸で行われていたイルカ追い込み漁については、日吉直人(いとう漁協代表理事専務)、横山久男(同理事)、岡伸二(富戸支所長)、石井泉、田端晃義、前島省吾の各氏から貴重なお話をお聞かせいただきました。

和歌山県太地町では、公の立場がありながらお話しくださった脊古輝人(太地町漁協組合長)、林克紀(くじらの博物館館長)、桐畑哲雄(くじらの博物館副館長)、漁野尚登(太地町議会議員)、瀬戸睦史(太地町役場産業建設課)、櫻井敬人(太地町歴史資料室)の各氏、および私の面倒なお願いを手配してくださった浦木慎一朗(くじらの博物館ビジネスマネージャ)、美代取久典(太地町議会事務局)の両氏に御礼申し上げます。また、現在公職からは退いておられますが、三好晴之、雑賀毅、松井進の三氏はくじらの博物館開設当時の興味深いエピソードをお話しくださいました。太地町における近代追い込み漁創始グループの一員だった小畑福次、本橋明和の両氏、および奥様本橋喜代氏の談話は、追い込み漁の成立過程を知る上で欠かせないものでした。

太地町では、どなたもが親切に協力してくださいましたが、漁協組合長という難しい立場にありながら複数回にわたる私の取材要請を受けてくださった脊古輝人氏、本橋氏への取材実現に一役買ってくださった三好晴之氏、貴重で膨大な資料をご提供くださった松井進氏の三氏には特に感謝します。この方々の協力がなければ、本書の内容は大きく異なっていたことでしょう。

水族館や動物園への取材は、どこか心躍るものがあります。JAZA前会長山本茂行（富山市ファミリーパーク園長）、JAZA現会長荒井一利（鴨川シーワールド総支配人兼館長）の両氏は、イルカ問題のみならず動物園や水族館の抱える課題や今後の展望などについて長時間にわたってお話しくださいました。そのごく一部しか取り上げられなかったことは残念ですが、両氏の動物園や水族館に関する豊富な実体験や哲学、そして個人史的なエピソードは、本書に貴重な彩りを与えたと思います。鴨川シーワールド広報企画課の山口欣克氏にも面倒な質問状に回答いただくなどお世話になりました。

今もフィールド活動の精神を失わず、シエラデザインのマウンテンパーカ姿で取材に応じてくださった粕谷俊雄氏は、小型鯨類の資源管理に正面から向き合おうとしないこの国の水産行政に対する幻滅からかいくらか厭世的なご様子でしたが、お話しくださった貴重な内容もさることながら、六四〇ページにもおよぶ大著『イルカ――小型鯨類の保全生物学』は、日本のイルカ問題を考える上で貴重な資料の塊です。現在粕谷氏はこの大著の英訳に取り組んでおられ、完成の暁には日本のイルカ漁問題に対する世界の理解は飛躍的に深まることでしょう。

私の取材要請を快諾してくださったエルザ自然保護の会の代表辺見栄氏は、日本のイルカ漁問題に最も古くから取り組んできた活動家の一人です。彼女は二〇一三年一一月三〇日付でいち早くWAZAに誓願書を送り、当時イルカ漁問題について腰が引けていたジェラルド・ディック専務理事に「太地のイルカ漁は一九六九年に始まったもので伝統でも文化でもない」と重ねて手紙で説明しました。活動家の視点に立てば、辺見氏はJAZA資格停止処分の陰の立て役者だったといえると思います。

私が何をどう書こうと全く気にしていないとは思いますが、取材要請を受けてくださったリック・オバリー氏にも感謝します。ジャパン・ドルフィンデーの全日程が終わった二〇一四年九月一日の午後遅く、オバリー氏は那智勝浦町内の食堂に一人姿を見せて、少々憂鬱そうに生ビールを飲み天ぷらうどんをつついていましたが、その姿は人々の前でイルカ漁を非難するときとは全く異なる積年の疲労と悲哀が滲み出ているようにも見えて、決して忘れることができません。

また、シーシェパードのデヴィッド・ハンス氏、その他私の質問に答えてくれた外国人活動家諸氏にも感謝します。特にシーシェパードの活動は、彼らの目的とは異なりますが二〇一四／二〇一五年漁期の模様をリアルタイムに知ることができる大変貴重なものでした。

最後に私の身辺調査をしてくれた公安警察にも感謝します。私が初めて太地のイルカ漁を目にしたのは二〇一四年一月二九日のことですが、警備の警察官多数が見守る中で漁やシーシェパードの様子などを撮影していると、どこからともなく「うん、ニット帽をかぶってメガネをかけている。トモノジュンイチ」などという警察無線のやりとりが聞こえて来ました。

いとう漁協関係者によると、イルカ漁問題で接近してくる人間は、職業・目的を問わず必ず警察に届けることになっているとのことで、私の取材申込を受けた漁協が照会したところ、警察は「その人は大丈夫だ。問題ない」と答えたということです。私が活動家ではないことを公安警察が証明してくれていなかったら、その年の三月に始まる伊東市富戸や太地町への私の取材活動は、あるいは非常に難しいものになっていたかもしれません。

二〇一五年七月一〇日

伴野準一

# ノート

注釈によって明示されている場合を除き、本書で言及しているイルカ捕獲数などは、水産総合研究センター発表「国際漁業資源の現況（小型鯨類の漁業と資源管理）」を使用している。http://kokushi.job.affrc.go.jp/index-2.html

## まえがき

1 追い込み漁、突き棒漁、小型捕鯨による和歌山県全体の合計頭数。太地町の追い込み漁による捕獲頭数は一二三九頭。

## 第一章

1 二〇〇四年一一月一一日に行われた追い込み漁の模様については、日吉直人、岡伸二両氏の談話、石井泉氏撮影動画、および富戸支所関係者提供資料に基づいて再構成した。
2 『富戸の民俗』一〇八ページ。『伊豆における漁撈習俗調査Ⅱ』三四七ページ。
3 『伊豆における漁撈習俗調査Ⅰ』一四四―一四五ページ。
4 『富戸の民俗』一〇八―一〇九ページ。
5 『伊豆における漁撈習俗調査Ⅱ』三四七ページおよび田端晃義氏談話。

6　二〇〇四年一一月一二日に行われた作業については、富戸支所関係者提供資料に基づいて再構成した。
7　『イルカ――生態、六感、人との関わり』九六ページ。
8　中村羊一郎『沼津市内浦及び西伊豆町田子におけるイルカ追込み漁について』http://www.ssu.ac.jp/about/entry_files/research/4.pdf
9　『静岡いるか漁ひと物語』一二ページ（『伊東誌』が引用されている）。
10　『富戸史話』三八ページ。
11　『伊豆における漁撈習俗調査Ⅱ』三三八ページ。
12　『富戸の民俗』九九ページ。
13　『伊豆における漁撈習俗調査Ⅱ』三五三ページ。
14　『富戸の民俗』一一三ページ。
15　『富戸　払のうつりかわり』二四―三五ページ。『伊豆における漁撈習俗調査Ⅱ』三四〇ページ。
16　『富戸　払のうつりかわり』二六―二七ページ。
17　『富戸の民俗』一一一ページ。『富戸　払のうつりかわり』二六―二九ページ。
18　『富戸の民俗』一〇〇ページ。
19　『富戸の民俗』一〇七ページ。
20　『伊豆における漁撈習俗調査Ⅱ』三五三ページ。
21　『富戸史話』四三ページ。
22　農林水産省発表「漁業・養殖業生産統計年報　海面漁業魚種別漁獲量累年統計（都道府県別）」。

http://www.e-stat.go.jp/SG1/estat/List.do?bid=000001024930&cycode=0
23 『イルカ——小型鯨類の保全生物学』一一七ページ。
24 『富戸の民俗』一〇〇ページ。富戸漁協調べ。
25 『イルカ——小型鯨類の保全生物学』一〇六ページ。
26 『富戸の民俗』一一四ページ。
27 『イルカ——小型鯨類の保全生物学』五八〇ページ。
28 『イルカ——小型鯨類の保全生物学』一一七ページ。
29 当初はＤＶＤとして販売されていたが、現在はインターネットで閲覧できる。http://elsaenc.net/video/dvd/ または https://www.youtube.com/watch?v=ujhnB22o_DM。なおイルカは魚ではなく哺乳類であることから、エルザ自然保護の会では「漁」ではなく「猟」と表記している。
30 千葉県で行われているのは主に小型捕鯨船によるツチクジラ漁なので、岩手県で行われているイシイルカの突き棒漁のことだと思われる。
31 http://img.jp.fujitsu.com/downloads/jp/jed/brochures/find/24-5j/03-05.pdf

**第二章**

本章および三章で参照している全国新聞各紙は、特に版名を明記していない場合、朝日新聞では和歌山版または紀南版、毎日新聞では紀南版、産経（サンケイ）新聞では和歌山版または紀南版、読売新聞では和歌山統合版を指している。

1 『イルカ――小型鯨類の保全生物学』一一八ページ。
2 『鯨に挑む町』一〇一ページ。
3 太地町ホームページによると一八四人一九隻。http://www.town.taiji.wakayama.jp/kankou/sub_01.html
4 『太地町史』四三七―四四一ページ。生存・死亡者数については諸説あるがここでは『太地町史』関義隆氏の調査結果を採った。
5 『太地町史』九二八ページ。
6 『熊野太地浦捕鯨史』三四四ページ。
7 手投げされた銛が命中すると爆薬が作動してボンブランス（破裂矢）が飛び出してクジラに深い傷を与える。
8 『太地町史』九三三ページ。
9 『太地町史』四四三―四五七ページ。
10 『熊野太地浦捕鯨史』五二六ページ。
11 『太地町史』四五八―四五九ページ。
12 『太地町史』七七五ページ。ただし「明治一〇年（一八八三）」とあり、明治一〇年なら一八七七年のはずである。本文では一八八三（明治一六）年とした。
13 例えば一九三一年の太地町総人口は三九六二人だが、うち海外渡航者は二八三人（アメリカ二〇一人、オーストラリア六九人、カナダ一〇人、シンガポール三人）である。『太地町史』九四一ページ。
14 『太地町史』四六〇―四六二ページ。

15　テント船の語源については諸説あってはっきりしない。「江戸時代の末期から明治中期頃までに、五枚板造りの舟を『てんとう』といって明治期になって広く沿岸に普及されていた舟があった」「この型の舟を使ってゴンドウクジラを捕ったので、その名で呼ばれるようになった」『太地町史』四五九ページ。「一説によれば発動機を据えると、『走ること天を渡るほど早い』というところからテント船（天渡船）の名を奉じられた」『日本沿岸捕鯨の興亡』四一七ページ。

16　『太地町史』四六二ページ。一九一三年：三八一頭、一九一四年：五八三頭、一九一五年：五六〇頭、一九一六年：五三一頭、一九一七年：一四四頭、一九二二年：七〇八頭、一九二三年：四〇八頭、一九二四年：四五五頭、一九二五年：六四〇頭、一九三〇年：四八二頭、一九三一年：四二八頭。

17　『太地町史』四六四―四六七ページ。

18　『天渡船 聞書』『「太地の捕鯨人」その資料について』

19　『熊野太地浦捕鯨史』七ページ。

20　『熊野太地浦捕鯨史』八ページ。

21　『熊野太地浦捕鯨史』三五六―三五七ページ。

22　松井進氏談話および提供資料、『イルカ――小型鯨類の保全生物学』一一九―一二〇ページ。

23　『小型捕鯨業者及び捕鯨船の変遷』『天渡船 聞書』

24　『太地町史』四六八―四六九ページ。近海捕鯨株式会社は一九七〇年に日本捕鯨株式会社に吸収されて南極海捕鯨にも進出し、後に日本水産株式会社捕鯨部門となる。

25　『小型捕鯨業者及び捕鯨船の変遷』

26　『熊野太地浦捕鯨史』三五七―三五八ページ。

27 『天渡船 聞書』および松井進氏談話。
28 一九六一年三月二五日産業経済新聞一二ページ。
29 一九六一年一月一二日毎日新聞八ページ。
30 一九六九年一一月二四日和歌山新報。
31 一九六五年一〇月二四日サンケイ新聞。
32 『太地町史』四七八ページ。
33 『熊野太地浦捕鯨史』三五七ページ。
34 『「太地の捕鯨人」その資料について』
35 一九五九年一月二一日読売新聞。
36 『太地町史』四〇一—四〇二ページ。
37 一九六四年一月一日毎日新聞和歌山版。『太地町史』三二〇ページによると工事期間は一九六一年一月から一九六五年三月までとなっている。
38 一九六八年一一月四日日本経済新聞全国版二〇ページ。
39 一九六八年四月一九日日本経済新聞近畿経済面、一九六九年四月一日サンケイ新聞。
40 一九六四年四月一〇日和歌山新聞。
41 一九六八年四月一九日サンケイ新聞。
42 庄司五郎「我が町の生きる道—観光漁業」(『水産世界』一九六九年二月号五五ページ)
43 くじらの博物館開設費用については諸報道あるが、一九六九年二月七日紀南新聞に「総工費一億六千万円、クジラプール建設に一億五千万円」とあり、一九六九年三月二五日毎日新聞では「博物館

44 工費一億六千五百万円、クジラ・イルカプールに一億七千万円」、一九六九年四月四日紀南新聞では総計「三億六千万円」と報道されている。
45 西脇昌治「鯨の博物館――捕鯨の町太地」（『月刊百科』一九六九年一一月号）
46 『水族館のはなし』七二―七三ページ。
47 一九六八年八月一七日紀南新聞。
48 一九六八年五月一三日放送NHK『新日本紀行』
49 三好晴之『イルカのくれた夢』六三ページ。
50 『イルカのくれた夢』六四ページ。
51 『イルカのくれた夢』六四ページ。
52 一九六九年三月七日朝日新聞。
53 『太地海洋レジャーセンター』
54 一九六九年二月七日紀南新聞。
55 一九六八年一一月一九日和歌山新報。
56 『イルカのくれた夢』九四―九五ページ。
57 一九六九年五月二七日読売新聞。
58 一九六九年五月二七日読売新聞および『イルカのくれた夢』九八ページ。
59 一九六九年七月二四日和歌山新報。群の発見が六月上旬との明記はないが、五月二七日読売新聞報道時点では発見されていないことから、六月上旬とした。
一九六九年七月二三日読売新聞。

60　一九六九年六月二四日紀南新聞。

## 第三章

1　一九六九年七月二二日の追い込み漁、および翌二三日のゴンドウ捕獲作業の模様については、七月二三日読売新聞、七月二四日サンケイ新聞、紀南新聞、和歌山新報、七月二六日東京新聞の各紙報道、および三好晴之、雑賀毅両氏の談話に基づいて再構成した。

2　一九六九年七月二六日東京新聞。

3　『太地町史』九五〇ページでは追い込み頭数を三五頭としているが、当時の新聞報道では「約二〇頭」または「二一頭」とするものが多く、この数字を採った。一九六九年七月二三日読売新聞「約二〇頭」、七月二四日紀南新聞「二一頭」、七月二四日和歌山新報「二一頭」など。

4　一九六九年七月二三日読売新聞。

5　一九六九年七月二六日東京新聞。

6　一九六九年七月二九日紀南新聞。

7　一九六九年七月二七日に行われた追い込み漁の模様については、七月二九日サンケイ新聞、紀南新聞、毎日新聞の各紙報道に基づいて再構成した。なお捕獲および博物館への納入頭数については『太地町史』九五〇ページの数字を採った。

8　一九六九年八月一日から三日にかけて行われた古式捕鯨ショーについては、七月二九日サンケイ新聞、紀南新聞、毎日新聞、八月二日読売新聞、八月三日吉野熊野新聞の各紙報道に基づいて再構成した。畠尻湾に搬入されたゴンドウの頭数について、本文中では三〇頭としてあるが、報道によりまちまちであり、特定は困難である。
9 一九六九年九月一二日毎日新聞および熊野新聞。なお両紙は博物館に搬入されたゴンドウは合計四六頭と報じている。
10 一九七〇年一月八日サンケイ新聞。
11 一九六九年一二月二六日紀南新聞。
12 一九七〇年四月二二日紀南新聞および松井進氏談話。
13 『突ん棒を用いたバンドウイルカの捕獲・飼育・調教について』
14 『突ん棒を用いたバンドウイルカの捕獲・飼育・調教について』
15 『突ん棒を用いたバンドウイルカの捕獲・飼育・調教について』
16 松井進氏提供資料。
17 一九七〇年八月一八日紀南新聞。
18 一九七一年一月二二日読売新聞。
19 一九七〇年九月一六日紀南新聞、朝日新聞および三好晴之氏談話。捕獲頭数は松井進氏提供資料による。
20 船名、船長名、馬力数は一九八三年一〇月一日和歌山県発行「鯨類追込網漁業許可証」および三好晴之氏提供資料によった。許可証には幸丸一四トン一五〇馬力と記載されているが、脊古輝人氏によるとこの船は一九七八年頃建造されており、一九七〇年時点の先代幸丸の馬力数は不明である。
21 一九七〇年一二月二三日和歌山新報。
22 一九七一年一一月二五日熊野新聞。

23　松井進氏提供資料。

24　太地からの川奈・富戸への視察については、太地側からは小畑福次、脊古輝人、本橋明和、本橋喜代、三好晴之の五氏、富戸側からは田端晃義氏の談話を得ている。富戸の田端氏の回想によると、「太地から若い衆が五、六人やって来て、三隻のイルカ探索船に分乗した。その日追い込みは成功し、漁師たちは一日で帰って行った」という。脊古輝人氏によると川奈・富戸で得た教えは「後ろを見るな」というものだったという（ただし彼自身は川奈・富戸には行っていない）。太地の若い漁師たちが川奈・富戸を訪れた日時を特定することはできなかった。

25　一九七三年二月一三日サンケイ新聞、朝日新聞、読売新聞、毎日新聞、紀南新聞。各報道には矛盾があり捕獲頭数、発見地点などが一致しない。

26　松井進氏提供資料。資料によると追い込みに成功したイルカはすべてマダライルカと記録されているが、その後の捕獲動向を考えると、スジイルカであった可能性が高い。

27　前者は一九七〇年七月二七日の事例、後者は一九七二年三月五日、バンドウイルカ四頭が定置網に混入した事例である。ともに松井進氏提供資料。

28　『イルカ――小型鯨類の保全生物学』一二五ページ。

29　昭和五十年二月十三日太地町議会・経済常任委員協議会会議録。誤字などは修正し、文言は分かりやすくなるように一部変更を加えた。

30　『イルカ――小型鯨類の保全生物学』一二五ページ。ただし翌一九七六年から一九七九年までのバンドウイルカの捕獲頭数は二〇頭以下で、前年までの水準を下回る。バンドウイルカの捕獲頭数が爆発的に増えるのは一九八〇年以降である。

## 第四章

1 一九八〇年四月一〇日読売新聞朝刊五ページ。
2 『勝本町漁業史』五三八—五三九ページ。漁船数は一九七七年一二月三一日の数字。
3 『勝本町漁業史』三八—五一ページ。
4 『イルカ——小型鯨類の保全生物学』九三ページ。
5 『イルカ——小型鯨類の保全生物学』九四ページ。
6 『勝本町漁業史』二六二、四六三—四六四ページ。
7 『勝本町漁業史』二一五—二一九ページ。
8 『勝本町漁業史』五二九ページ。
9 『勝本町漁業史』四一二ページ。
10 一九七六年、七七年の二年間で捕獲された九八九頭のイルカのうち、食肉として地元で消費または販売されたもの四六六頭、水族館に売却されたもの三二頭、廃棄されたものは四九一頭だった。『勝本町漁業史』四二六ページ。
11 一九七八年二月二八日読売新聞朝刊二二ページ。
12 一九七八年三月一四日読売新聞朝刊二二ページ。
13 一九七八年三月一八日読売新聞朝刊二二ページ。
14 一九七八年五月二日朝日新聞朝刊三ページ。
15 一九七八年五月一日読売新聞夕刊八ページ。

16 『勝本町漁業史』四二六ページ。
17 デクスター・L・ケイト「壱岐のイルカ騒動」(『動物の権利』二四九ページ)
18 『勝本町漁業史』四二六ページ。
19 一九八〇年三月四日朝日新聞夕刊一ページ。
20 デクスター・L・ケイト「壱岐のイルカ騒動」(『動物の権利』二五二ページ)
21 デクスター・L・ケイト「壱岐のイルカ騒動」(『動物の権利』二五五ページ)
22 一九八〇年三月二日読売新聞朝刊二三ページ。『勝本町漁業史』四三一ページには「一三〇〇頭のうち三〇〇頭が逃げた」とある。ケイト自身は五〇〇頭のうち三〇〇頭を逃がしたと書いている。『動物の権利』二五六ページ。
23 一九八〇年四月九日朝日新聞夕刊一〇ページ、『勝本町漁業史』四三三ページ。
24 デクスター・L・ケイト「壱岐のイルカ騒動」(『動物の権利』二五九ページ)
25 一九八〇年四月一〇日読売新聞朝刊五ページ。
26 『動物の解放』四〇ページ。
27 『動物の解放』四三ページ。
28 『勝本町漁業史』四三四―四三五ページ。
29 一九八〇年五月二日朝日新聞夕刊三ページ。
30 『イルカ――小型鯨類の保全生物学』九七ページ。
31 ロサンゼルス・タイムズ報道による。http://articles.latimes.com/1990-08-23/news/mn-1795_1_protest-flotilla

## 第五章

1 *Friendly Porpoises* 一八ページ。

2 *The Rose-Tinted Menagerie* 六五ページ。一八六一年、ボストンでベルーガが飼育されたのが米国初の鯨類飼育だとする見方もあるが、ここでは失敗に終わったバーナムのベルーガ飼育を最初の飼育例と解釈した。なお、バーナムの飼育例以降、米国では一九一三年にニューヨーク水族館でバンドウイルカが五頭飼育されている。*The Rose-Tinted Menagerie* 六五―六六ページ。

3 *The Rose-Tinted Menagerie* 六二ページ、Aquatic Mammals 2005,31(3)、二八三ページ。http://marineanimalwelfare.com/images/Special%20Issue%20Survey%20of%20Cetaceans%20in%20Captive%20Care%20.pdf

4 P・T・バーナムの生涯やリングリング・サーカスの歩みなどについては、*The Rose-Tinted Menagerie* 六一―六五ページ、およびウィキペディア（http://en.wikipedia.org/wiki/P._T._Barnum）を適宜参照した。

5 *The Rose-Tinted Menagerie* 六五ページ。

6 マリン・スタジオ設立時の経緯やその後の歴史については次のオンラインドキュメントを参照した。http://www.marineland.net/pdf/MarinelandMovieHistory.pdf

7 *The Rose-Tinted Menagerie* 六六ページ。

8 *The Rose-Tinted Menagerie* 六六ページ。セシル・M・ウォーカーの逸話に言及しているのは本書だけで、イルカのスタント芸の発祥を伝えるあらゆる情報がこの本を参照している。著者ウィリアム・ジョンソンに出典を問い合わせたところ、ヘンニ・ヘディガー *Dressurversuche mit Delphinen* との回答を得た。

9 アドルフ・フローンのエピソードについては *Friendly Porpoises* 五〇―五四ページ。

10 *The Rose-Tinted Menagerie* 六六―六七ページ。

11 *The Rose-Tinted Menagerie* 六七ページ。

12 原題は *Revenge of the Creature* のぞき窓が多数取り付けられたメインプールなど、一九五五年当時のマリン・スタジオの様子が分かって興味深い。なお本作はクリント・イーストウッド映画初出演作品としても知られている。

13 *Friendly Porpoises* 七ページ。

14 『イルカがほほ笑む日』一三〇ページ。

15 *Friendly Porpoises* 五四ページ。『イルカがほほ笑む日』一二九ページにはフローンとクラインの二人が「海洋水族館がオープンしたときにやってきた」とあるが、オバリーはオープン時にはこの水族館には在籍しておらず、この記述には信憑性がない。

16 *Friendly Porpoises* 五四ページ。一九五五年八月に開館したイルカ水族館（ガルファァリウム・アドヴェンチャー・パーク）でのことだと思われる。『イルカがほほ笑む日』ではジミー・クラインについて「フォート・ウォルトン・ビーチ出身」で「ミシシッピー州ガルフポートにある水族館から来た」（一二九ページ）と記されているが、ガルフポートのイルカ関連施設 The Institute for Marine Mammal Studies は一九八四年の設立で、同地域には他にそれらしき施設がないため、ウィリアム・グレイの記述を採った。

17　アルビノ・イルカ捕獲に関する逸話については *Friendly Porpoises* 九八—一二一ページ、『イルカがほほ笑む日』九三—一一〇ページ。

18　ミルトン・サンティーニの逸話については次のサイトを参照した。なおサンティーニが設立した「イルカの学校（Santini's Porpoise School）」は一九七二年に売却されて、一九八四年に設立されるドルフィン・リサーチ・センターのルーツとなった。http://www.naplesnews.com/community/marco-eagle/trail_tale_bottlenose_dolphin_and_legend_emflipper

19　『イルカがほほ笑む日』一六四—一六八ページ。

20　原題は *Flipper's New Adventure* リック・オバリー自身も、傷ついたフリッパーを治療する三人の獣医の一人として終盤に数分間出演している。

21　原題は *Flipper*

22　『イルカがほほ笑む日』二七九—二八〇ページ。

23　『イルカがほほ笑む日』二六六ページ。

24　本書における彼の発言は、第八章での記者会見の模様を除き、すべて二〇一四年九月二日の直接取材から得たものである。

25　『イルカがほほ笑む日』三〇〇ページ。

26　『イルカがほほ笑む日』三〇〇—三〇一ページ。

## 第六章

1　イルカの大漁を伝える一九七五年一二月一八日読売新聞夕刊（全国版）時点で、イルカは畠尻湾に追い込まれている。
2 『イルカ――小型鯨類の保全生物学』一二五ページ。
3 『イルカ――小型鯨類の保全生物学』一一七ページ。ただし、いとう漁協富戸支所関係者提供資料によると、一九七八年から一九八四年までの七年間で一九八一年に二一頭、一九八四年に一〇頭の捕獲記録がある。
4 太地町漁協組合長脊古輝人氏談話。二〇一四年五月二八日採取。
5 『鯨捕りよ、語れ!』一六六―一六七ページ。太地のイルカ漁との遭遇を一九七九年としている著述もある。『捕鯨をめぐる世界の人々の感情』九ページ。http://icfcs.kanagawa-u.ac.jp/publication/ovubsq000000l2h5-att/report_02_004.pdf
6 『鯨捕りよ、語れ!』一七〇ページ。
7 二〇〇五年一一月三〇日ジャパン・タイムズ。'Secret' dolphin slaughter defies protests
8 週刊プレイボーイ二〇一〇年七月五日号五二―五四ページ。
9 *Behind the Dolphin Smile* Preface 一三ページ。
10 *Behind the Dolphin Smile* Preface 一二ページ。
11 和歌山県庁ホームページ「知事からのメッセージ平成二三年五月」http://www.pref.wakayama.lg.jp/chiji/message/201105b.html

## 第七章

1 デール・ジャミーソン「動物園反対論」(『動物の権利』二〇〇ページ)。

2　『日本の水族館』「まえがき」なお文言は一部中略した。

3　オンラインドキュメントWAZA Agrees on Need for Action for dolphins（タイトルで検索のこと）。

4　二〇〇五年三月一五日毎日新聞。

5　太地町議会関係者提供資料。

6　二〇〇九年：バンドウイルカ一〇頭、三八五九万八八〇〇円。二〇一〇年：バンドウイルカ五八頭、カマイルカ六頭、合計一億六九九〇万九三〇〇円。二〇一一年：バンドウイルカ一七頭、五七二二万四九〇〇円。二〇一二年：バンドウイルカ一四頭、五四〇〇万五三〇〇円。

7　カマイルカについては二〇一〇年にくじらの博物館経由で野生個体を一頭入れている。その他カマイルカ五頭およびネズミイルカも定置網に迷入した野生個体である。

8　鴨川シーワールド広報企画課提供資料。

9　WAZA CODE OF ETHICS AND ANIMAL WELFARE http://www.waza.org/files/webcontent/1.public_site/5.conservation/code_of_ethics_and_animal_welfare/Code%20of%20Ethics_EN.pdf

## 第八章

1　二〇一五年五月一五日に行われた記者会見の模様については次の動画を参照した。「イルカは海のゴキブリである」発言は、四分二七秒から。https://www.youtube.com/watch?v=lXbikABI5GA

2　同一一分一〇秒。

3　法廷で通訳者が日本語訳して述べた内容を著者がメモ書きしたもの。

4　鴨川シーワールド館長荒井一利氏によると、リック・オバリーがアップロードしたマダライルカの動画はWAZA幹部の目にとまり、環境が虐待的なので飼育を中止せよという勧告があったために止むを得ず飼育を中止させたのだという。しかしこのマダライルカの飼育事例から得られた知見は多く、後に美ら海水族館「黒潮の海」水槽におけるマダライルカの飼育展示へと発展した。

**第九章**

1 和歌山県農林水産部水産局資源管理課提供。
2 『イルカ――小型鯨類の保全生物学』五八一ページ。

**終章**

1 二〇一五年五月二一日シドニー・モーニングヘラルド。本章における彼女の他の発言も同様。http://www.smh.com.au/national/australian-group-forces-japanese-aquariums-to-stop-buying-dolphins-caught-in-harrowing-chase-20150521-gh67qv.html
2 二〇一五年四月二三日付WAZAプレスリリース。http://www.waza.org/en/site/pressnews-events/press-releases/waza-council-votes-to-suspend-japanese-association-of-zoos-and-aquariums-jaza
3 二〇一五年三月一四日オーストラリア・フォー・ドルフィンズ　フェイスブック　https://www.facebook.com/AusForDolphins/videos/vb.457989087617669/790967870986454/?type=2&theater
4 二〇一五年五月二〇日JAZA記者会見。
5 東京都中央卸売市場・芝浦と場における屠殺方法。屠場によって処理は細部が異なる場合がある。

豚の場合、九割以上の個体が二酸化炭素による麻酔の後に放血処理されるが、大貫と呼ばれる三〇〇キロ以上の大型の個体には、電気ショックまたは牛と同じノックガンが使われる。

6 太地のイルカ漁における屠殺方法がフェロー諸島方式に改められた日時について、脊古輝人氏は「二〇〇六年か七年頃」と記憶しているが、二〇一四年九月一七日、水産庁からの問い合わせに対して太地町漁協は無責任にも「二〇〇〇年頃」と回答している。ここでは和歌山県ホームページの記述を採った。http://www.pref.wakayama.lg.jp/prefg/071500/iruka/index.html

7 『魚は痛みを感じるか?』一六五ページ。

8 二〇一五年四月一八日読売新聞朝刊六ページ。

9 『動物の命は人間より軽いのか』一九ページ。

10 『ぼくらはそれでも肉を食う』二二五ページ。

11 二〇一五年五月二七日毎日新聞朝刊。

12 http://abcnews.go.com/GMA/seaworld-trainer-dawn-brancheau-suffered-broken-jaw-fractured/story?id=10252808

13 鴨川シーワールドの荒井氏によると、若いオスのシャチは、シャチの複雑な社会構造のなかでしばしばメスから酷く痛めつけられるため、単独で飼育することが多いという。

14 鴨川シーワールド広報企画課提供資料。

15 遠藤愛子『変容する鯨類資源の利用実態』(http://ir.minpaku.ac.jp/dspace/bitstream/10502/4429/1/SER97_011.pdf)、および太地町ホームページ。

# 参考文献

## 地域史

〈静岡県伊東市〉

静岡県教育委員会文化課編『伊豆における漁撈習俗調査Ⅰ——戸田村・土肥町・賀茂村・西伊豆町・松崎町・南伊豆町』静岡県教育委員会　一九八六年三月
静岡県教育委員会文化課編『伊豆における漁撈習俗調査Ⅱ——熱海市・伊東市・東伊豆町・河津町・下田市』静岡県教育委員会　一九八七年三月
静岡県教育委員会編『富戸の民俗——伊東市』静岡県文化保存協会　一九八八年三月
富戸史話編集委員会編『富戸史話——わたしたちの郷土』富戸史話編集委員会　一九六九年四月
日吉喜代一『富戸 払のうつりかわり』私家版　一九九三年一月
和田雄剛『静岡いるか漁ひと物語』静岡郷土史研究会　二〇〇四年一二月

〈和歌山県太地町〉

くじらの博物館学芸員編『太地町立くじらの博物館——概要案内』太地町立くじらの博物館　発行年不明
熊野太地浦捕鯨史編纂委員会編『鯨に挑む町——熊野の太地』平凡社　一九六五年一一月
熊野太地浦捕鯨史編纂委員会編『熊野太地浦捕鯨史』平凡社　一九六九年一月

太地町史監修委員会編『太地町史』太地町役場　一九七九年三月
太地町『太地海洋レジャーセンター』（パンフレット）一九六九年
竹内賢士・漁野文俊『「太地の捕鯨人」その資料について』私家版　一九九三年五月
辻正浩『天渡船 聞き書き 雑賀昭二』私家版　発行年不明
三好晴之・松井進『突ん棒を用いたバンドウイルカの捕獲・飼育・調教について』日本動物園水族館協会
　海獣部会発表資料　一九七一年九月
著者不明『小型捕鯨業者及び捕鯨船の変遷 小型捕鯨業一覧表』私家版　発行年不明

〈長崎県壱岐郡〉
勝本町漁業史作成委員会『勝本町漁業史』勝本町漁業協同組合　一九八〇年一二月
吉田禎吾編著『漁村の社会人類学的研究――壱岐勝本浦の変容』東京大学出版会　一九七九年二月

**イルカ漁・捕鯨関連**

秋道智彌『クジラは誰のものか』ちくま新書　二〇〇九年一月
粕谷俊雄『イルカ――小型鯨類の保全生物学』東京大学出版会　二〇一一年一一月
川島秀一『追込漁（ものと人間の文化史）』法政大学出版局　二〇〇八年一月
小島孝夫編『クジラと日本人の物語――沿岸捕鯨再考』東京書店　二〇〇九年一一月
近藤勲『日本沿岸捕鯨の興亡』山洋社　二〇〇一年六月
関口雄祐『イルカを食べちゃダメですか？――科学者の追い込み漁体験記』光文社新書　二〇一〇年七月

星川淳『日本はなぜ世界で一番クジラを殺すのか』幻冬舎新書　二〇〇七年三月
ミルトン・M・R・フリーマン編『くじらの文化人類学――日本の小型沿岸捕鯨』海鳴社　一九八九年五月
森下丈二『なぜクジラは座礁するのか？――「反捕鯨」の悲劇』河出書房新社　二〇〇二年三月
山下渉登『捕鯨Ⅰ（ものと人間の文化史）』法政大学出版局　二〇〇四年六月
山下渉登『捕鯨Ⅱ（ものと人間の文化史）』法政大学出版局　二〇〇四年六月
吉岡逸夫『白人はイルカを食べてもOKで日本人はNGの本当の理由』講談社＋α新書　二〇一一年四月
C・W・ニコル『鯨捕りよ、語れ！』アートデイズ　二〇〇七年七月

**イルカ飼育・水族館関連**

内田詮三『沖縄美ら海水族館が日本一になった理由』光文社新書　二〇一二年九月
内田詮三・荒井一利・西田清徳『日本の水族館』東京大学出版会　二〇一四年八月
勝俣悦子『わたしはイルカのお医者さん――海獣ドクター奮闘記』岩波書店　二〇〇五年四月
鳥羽山照夫『「イルカ」「いないか？」――海豚博士見聞録』マリン企画　一九八〇年一一月
鳥羽山照夫監修『イルカと一緒に遊ぶ本』青春BEST文庫　一九九八年八月
鳥羽山照夫編著『新 水族館へ行きたくなる本』リバティ書房　一九九六年一〇月
中村元『水族館の通になる――年間3千万人を魅了する楽園の謎』祥伝社新書　二〇〇五年五月
中村元『水族館のはなし』技報堂出版　一九九二年七月
堀由紀子『水族館のはなし』岩波新書　一九九八年八月

堀由紀子『水族館へようこそ』神奈川新聞社　二〇〇八年六月
村山司・祖一誠・内田詮三編著『海獣水族館――飼育と展示の生物学』東海大学出版会　二〇一〇年三月

**イルカ全般**

川端裕人『イルカとぼくらの微妙な関係』時事通信社　一九九七年八月
ジョン・C・リリー『イルカと話す日』NTT出版　一九九四年七月
辺見栄『ケイコという名のオルカ――水族館から故郷の海へ』集英社　二〇〇一年一〇月
マーク・カーワディーン『クジラとイルカの図鑑――完璧版（地球自然ハンドブック）』日本ヴォーグ社　一九九六年四月
宮崎信之・粕谷俊雄編『海の哺乳類――その過去・現在・未来』サイエンティスト社　一九九〇年四月
三好晴之『イルカのくれた夢――ドルフィン・ベェイス イルカ物語』フジテレビ出版　一九九七年七月
村山司『イルカ――生態、六感、人との関わり』中公新書　二〇〇九年八月
森満保『驚異の耳をもつイルカ』岩波科学ライブラリー　二〇〇四年一月
リチャード・オバリー、キース・クールバーン『イルカがほほ笑む日』TBSブリタニカ　一九九四年九月

**動物福祉全般**

伊勢田哲治『動物からの倫理学入門』名古屋大学出版会　二〇〇八年一一月
ヴィクトリア・ブレイスウェイト『魚は痛みを感じるか？』紀伊國屋書店　二〇一二年二月

佐藤衆介『アニマルウェルフェア——動物の幸せについての科学と倫理』東京大学出版会　二〇〇五年六月
ハロルド・ハーツォグ『ぼくらはそれでも肉を食う——人と動物の奇妙な関係』柏書房　二〇一一年六月
ピーター・シンガー『動物の解放（改訂版）』人文書院　二〇一一年五月
ピーター・シンガー編『動物の権利』技術と人間　一九八六年九月
マーク・ベコフ『動物の命は人間より軽いのか——世界最先端の動物保護思想』中央公論新社　二〇〇五年七月

**その他**

井上ひさし『にっぽん博物誌』朝日文庫　一九八六年八月
鎌田慧『ドキュメント屠場』岩波新書　一九九八年六月
佐川光晴『牛を屠る』解放出版社　二〇〇九年七月
ジョイ・アダムソン『野生のエルザ』文藝春秋新社　一九六二年七月
千松信也『ぼくは猟師になった』新潮文庫　二〇一二年一二月
山本茂行『ファミリーパークの仲間たち』北日本新聞社　一九九八年四月

**海外文献**

Capt. William B. Gray *Friendly Porpoises* (A. S. Barnes, 1974)
Philip B. Kunhardt Jr., Philip B. Kunhardt III and Peter W. Kunhardt *P. T. Barnum: America's Greatest*

*Showman* (Alfred A. Knopf, September 1995)

Richard O'Barry with Keith Coulbourn *Behind the Dolphin Smile: One Man's Campaign to Protect the World's Dolphins* (Earth Aware Editions, January 2012)

William Johnson *The Rose-Tinted Menagerie* (Heretic Books, 1990)

【著者】
伴野準一（ともの じゅんいち）
1961年東京生まれ。筑波大学卒業。IT 業界でテクニカル・ライター、コピー・ライター、広告・宣伝、インターネット・マーケティングなどに従事した後、ノンフィクション・ライターとして幅広い分野で活動中。著書に『全学連と全共闘』（平凡社新書）、『スコット・ジョプリン——真実のラグタイム』（春秋社）などがある。

平凡社新書785

イルカ漁は残酷か

発行日——2015年8月11日　初版第1刷

著者——伴野準一
発行者——西田裕一
発行所——株式会社平凡社
東京都千代田区神田神保町3-29　〒101-0051
電話　東京（03）3230-6580［編集］
　　　東京（03）3230-6572［営業］
振替　00180-0-29639
印刷・製本—株式会社東京印書館
装幀——菊地信義


ISBN978-4-582-85785-6
NDC 分類番号664.9　新書判（17.2cm）　総ページ304
平凡社ホームページ　http://www.heibonsha.co.jp/